大模型时代

虚拟人的崛起与未来

尤可可 高爽 著

电子工业出版社
Publishing House of Electronics Industry
北京·BEIJING

内 容 简 介

这是一本全面介绍虚拟数字人的书，全书从虚拟数字人的定义、开发、现状、前景、伦理风险与应对方案、技术背景与社会价值等方面全面阐释了大语言模型时代，虚拟数字人的发展与变革。

以大语言模型为代表的 AI 技术的发展，驱动虚拟数字人快速迭代，有望带动各环节与各渠道的革新升级，虚拟数字人为产业带来的变化绝非简单的传播手段的升级，而是底层商业模式和产业链条的革新。

无论你是对虚拟数字人感兴趣的学生和初学者，还是想要制定虚拟形象的博主，抑或是想要强化营销效果的企业负责人，都可以在本书中获得启发。

图书在版编目（CIP）数据

大模型时代 ： 虚拟人的崛起与未来 / 尤可可，高爽
著 . -- 北京 ： 电子工业出版社，2025. 7. -- ISBN 978-
7-121-50790-8

Ⅰ . TP391.98

中国国家版本馆 CIP 数据核字第 2025FN0184 号

责任编辑：田志远
印　　刷：三河市鑫金马印装有限公司
装　　订：三河市鑫金马印装有限公司
出版发行：电子工业出版社
　　　　　北京市海淀区万寿路 173 信箱　　邮编：100036
开　　本：720×1000　 1/16　 印张：16　 字数：256 千字
版　　次：2025 年 7 月第 1 版
印　　次：2025 年 7 月第 1 次印刷
定　　价：90.00 元

凡所购买电子工业出版社图书有缺损问题，请向购买书店调换。若书店售缺，请与本社发行部联系，联系及邮购电话：（010）88254888，88258888。

质量投诉请发邮件至 zlts@phei.com.cn，盗版侵权举报请发邮件至 dbqq@phei.com.cn。

本书咨询联系方式：faq@phei.com.cn。

　　1996 年，尼葛洛庞帝出版了《数字化生存》一书，满足了许多人对未来媒介化生活的想象。时隔二十余年，虚拟现实（Virtual Reality，VR）产业的应用，重新开启了人类对下一代互联网发展的憧憬。

　　正如布莱恩·阿瑟在《技术的本质》中所言，新技术并不是无中生有地被"发明"出来的，而是从已有技术中被创造出来的。虚拟数字人的产生也并非一蹴而就的，而是在政策、技术、媒介、社会等多重因素作用下孕育而成的。犹如"无马之马车"，汽车的发明者无法预知汽车带来的巨变，虚拟数字人的迭代也将在一定程度上给人类社会带来机遇与挑战。人类通过虚拟数字人这一媒介，增强了想象力、感知力、决策力、行动力，同时拥有了哲学层面的审思。

　　虚拟数字人的行为活动本质上是以人类主体为中心的信息传播与劳动力替代的过程。具有第三人称视角的虚拟数字人在一定程度上满足了自我表达、自我复刻、自我超越的功能需求。人类的多线程分身能溯源至人类本体，人类对其设定与统一管控的分身的行为负责，这种多元虚拟分身拓展了人类在虚拟空间的能力，大幅提升了人类的生产效能与执行效力。

人类的虚拟化带来了多维生存的可能性，也带来了虚拟关系与虚拟社会的重构。德国哲学家莱布尼茨曾说"世界是可能的事物组合，现实世界是由所有存在的可能事物所形成的组合"。可以说，虚拟数字人是人类主体对于外在现实的场景内化，构筑了不同的精神世界与内在情境，由此呈现了主体系统的矛盾性、可能性、风险性。

虚拟数字人拓展了世界的多维性与情境多样性，具有类人化的数字形象，作为互联网 3.0 中人与人、人与事、事与事之间的载体，是人类进入虚拟空间的重要入口。同时，虚拟数字人也是人类在虚拟空间中完成各项活动的身份载体。

在形象方面

在形象方面，虚拟数字人具有形同真人的特征。经过 CG 技术和算力的迭代，虚拟数字人经历了从卡通萌宠、真身复刻，到写实、超写实的发展历程。形象刻画较为优秀的虚拟数字人，如柳夜熙、翎_Ling 等，可展现逼真的肌肤纹路、微表情、内骨骼系统、肢体活动，可进行脸、唇、音、体等智能化全维表达。

在风格塑造方面

在风格塑造方面，知识库、语音合成等技术助力虚拟数字人完成交互式对话，深度学习、类脑科学技术或将帮助虚拟数字人实现多种风格的定制。情感算法技术的发展能在一定程度上实现虚拟数字人与人类的情感互动。

在社交互动方面

在社交互动方面，虚拟数字人可根据人类的个性化需要和设计形成"化身"形象，以满足不同场景下的曝光和社交需求。不同于互联网时代二维的虚拟头像，虚拟数字人将进行脸、唇、音、体的三维智能表达，并且达到超写实的制作水准。在互联网市场中，诸如 Soul 等平台已大规模启用虚拟形象，率先进驻社交元宇宙赛道。除了拟人化的外观特质，虚拟数字人还能被赋予智能性、情感性、思想性的特征，甚至复刻人类的知识、记忆、思维和情感，形成人类个体的"数字永生体"。虚拟数字人作为人类的分身，是科技与文化相融合的产物，极大程度上提升了人类对自身和世界的想象力、创造力和生产力。未来在互联网 3.0 的社交空间中，一个人可以分化出多个虚拟数字人分身，在各种生活场景下同时进行多线程交互，分身的行为数据将反馈给该人本体，以促进人类能力的全维提升。

在生产服务方面

在生产服务方面，虚拟数字人能够代替人类劳动者办公，降低劳动力成本，提升整体劳动效率。当前虚拟数字人员工的应用板块主要集中在任务琐碎、重复率较高的服务业职位上，包括虚拟客服、虚拟助理等。以银行业为代表，浦发银行的"小浦"、工商银行的"小天"等能够为客户提供全天候、标准化的服务，减轻真人员工的工作负荷。在未来的劳动力市场中，人类或将偏向完成注重"体验感"的工作任务，如习得办公技能、获得全盘认知等；不具备"体验感"的机械劳作可由虚拟数字人代为完成，实现用人结构层面的降本增效。

在经济流通方面

在经济流通方面，虚拟数字人的多重经济价值体现在其稀缺性特质上，该特质能够实现虚拟数字人自身价值及衍生使用价值的再造。虚拟数字人的IP价值可覆盖线上、线下双重链条，其IP圈层效应和粉丝影响力能保障其在线上社交平台的持续曝光，并推动线下衍生产品的销量提升。虚拟数字人IP衍生的数字消费将带动新兴产业发展，如虚拟服饰、虚拟出行、IP联动潮牌等，甚至将造就一部分元宇宙领域的新型职业，如3D捏脸师。此外，通过兴趣圈层的激化和资本造势，虚拟数字人还能成为可收藏、可增值的数字藏品，并被制作为实体手办进行线下贩售，助力真实世界与虚拟世界在经济流通方面的融合。

国外互联网公司，如英特尔、微软、谷歌、Meta、三星等，提供全栈式的技术服务，利用强大的资本积累占据了产业发展的优势地位。在人工智能（AI）、渲染建模、动作捕捉、虚拟现实、增强现实（Augmented Reality，AR）等领域也有大量企业进驻。英伟达致力于元宇宙场景的构建和虚拟数字人的打造，推出AI助理、数字分身、AI医疗助手等服务，Meta发布的VR头盔可以实现在快速扫描真人形象后进行建模，模仿真实的人类表情。

国内的虚拟数字人产业得到互联网企业的大力扶持，作为数字经济增长的一个关键点，虚拟数字人已经成为产业发展的重点之一。腾讯、阿里巴巴、百度、网易等公司也已投身虚拟数字人产业，各家的布局重心主要集中于平台层和运营层，尤其侧重于游戏、直播、动画、影视、音乐及社交领域的应用。例如，腾讯在2022年2月大力建设硬件端的扩展现实（Extended Reality，XR）设备和软件端的感知交互技术，并对已有虚拟数字人产品进行矩阵化梳理和系统性升级，以迎接全真互联网时代的到来；百度在AI底层技术领域具有综合开发实力，百度大脑 7.0 作为"AI 新型基础设施"，成了百度推出虚拟数字人社交平台"希壤"的技术基础。

在政策方面

在政策方面，已有十余个城市出台了关于发展元宇宙、虚拟数字人技术的相关政策，虚拟数字人发展基础较好的城市（如北京、上海、广州等）发布的政策较多，关于虚拟数字人的发展计划更具体，给予的资金支持更丰厚，北京发布国内首个虚拟数字人专项支持政策，推动互联网巨头在虚拟数字人领域布局。政府与企业对新兴技术领域的布局，将赋能于娱乐、服务、文旅、教育、营销等各个领域，同时促进产业链延伸，形成良性循环。

在技术方面

在技术方面，虚拟数字人的发展可以分为三个阶段：拟人化阶段、同人化阶段、超人化阶段。国内虚拟数字人尚处于拟人化阶段。拟人化阶段是指由计算机虚拟合成高度逼真的三维动画人物，此阶段的虚拟数字人的动作、形态、声音与真人高度相似，可以实时进行信息沟通和反馈。同人化阶段的虚拟数字人在外观、情感、交互能力、理解能力等方面与真人相同，通过情感计算技术，能够与人类进行高质量的情感互动。在超人化阶段，随着 AI 能力的增强，虚拟数字人的能力将超越真人，机器人承载的虚拟数字人的意识将回到现实世界。

在具体产业方面

在具体产业方面，以虚拟数字人为入口撬动互联网 3.0 产业的发展，能够加速产业辐射持续推进，助力全球数字经济标杆城市的建设。虚拟数字人在不同领域中正发挥着产业辐射作用。

在娱乐领域中，以虚拟主播、虚拟偶像为代表的传媒行业应用满足了媒体传播领域对内容生成方面的业务需求，成为融媒体时代的传媒利器。据统计，在 2021 年月度活跃用户达 2.7 亿人的哔哩哔哩视频平台（简称"B 站"）已拥有超过 3 万名虚拟主播，并开展了一系列线上、线下的相关活动，引领了虚拟数字人媒介生态的潮流。

在服务领域中，虚拟数字人的用人成本相对更低，服务时间更长。新冠疫情的持续冲击使线下服务业遭到重创，而虚拟客服可在线上实现 24 小时待机，并保持较好的服务态度。

在文旅领域中，虚拟数字人智能化、多样化的特性，为文旅行业带来了更多可能性。以虚拟讲解员为代表的虚拟数字人应用将在极大程度上代替人类进行大量重复性工作。

在教育领域中，虚拟教师可进行个性化辅导与 24 小时陪伴学习，增强学习的临场感，并和学生进行持续的情感互动。虚拟教室还可针对特殊教育的需求进行定制，如自动将书本知识转化为手语，可在极大程度上降低教育成本。

在营销领域中，启用虚拟代言人正逐渐成为品牌方的新型营销手段，代言人 IP 化逐渐成为企业追赶互联网 3.0 浪潮的新思路。品牌多采用虚拟 IP 实现多平台跨界营销、复合技术联动、服务型人机交互等，增加品牌的曝光度，提升品牌传播效果。

在应用方面

在应用方面，虚拟数字人作为 VR 场景的入口，应用领域将更广泛。虚拟数字人将从"专门功能服务"向"情感陪伴模式"进化，成为集多元化、拟人化、温情化为一体的智能伙伴。例如，在金融行业中，虚拟数字人可以代替人工客服实现以客户为中心的高效服务；在医疗行业中，虚拟数字人可以实现在线医疗诊断与家庭陪护，减轻患者的就医压力；在工业生产中，虚拟数字人可以运营整个工厂的流水线，包括沟通供应商、寻找买家等，以提质增效；在航天行业中，我国生产的 VR 设备已被应用于舒缓航天员心情等方面，虚拟数字航天员"小净"不仅带领广大航天迷漫游了中国空间站、国际空间站，也见证了我国航天员的出舱活动，未来，虚拟数字人或能够应用到模拟太空生活、操作航天设备等诸多方面。

在功能方面

在功能方面，未来虚拟数字人将从普适化向个性化渗透，在儿童照料、适老科技、单身经济等领域或将拥有一片蓝海。虚拟数字人 IP 具有较高的价值和较强的衍生能力，这为品牌运营打开了新思路，品牌形象的 IP 活态化拉近了企业与用户之间的距离，在未来被赋予品牌文化的虚拟数字人将成为企业知识产权的重要组成部分。从用户的角度来看，用户的交互方式将从当下的以平台为主要媒介进行交互，转向以虚拟数字人为主要媒介进行交互。从产业的角度来看，未来将产生更多的互联网 3.0 衍生品，构成虚拟数字人商业变现的新模式。

小结

从互联网的迭代历史来看，以计算与存储设施、通信网络、交互媒介为代表的技术，每一次的更新换代都会引发一轮根本性的变革。在互联网 3.0 的产业生态中，从创新性技术、产品、商业应用到运维的每个环节都能对互联网覆盖下的社会和经济发展产生巨大的推力。其中，虚拟数字人的技术支点将成为互联网 3.0 产业日趋演进的关口——以建模、捕捉和渲染模块为代表的技术基础搭建了虚拟数字人产品的根基，形象、语音、动画与合成的生产流程决定了虚拟数字人的拟人化程度。在 AI 技术的发展框架下，机器学习、计算机视觉、自然语言处理等技术的演进，将大力促进 AI 驱动型虚拟数字人的迭代，从而带动各环节与各渠道的革新升级。

在互联网 3.0 时代，"万物互联"将逐步走向"万物互信"，进而走向"万物交易"和"万物协作"。在循序渐进的演进过程中，产业架构呈现整体优化之态势，各环节需协同拓展数字化革新的广度和深度。元宇宙时代将具备与现今全然不同的产业图景和商业形态，文化数字产业将展现新的样态和应用方向，如虚拟文博馆、虚拟展览等。其中，虚拟数字人技术为文化产业带来的变化绝非简单的传播手段的升级，而是底层商业模式和产业链条的革新。在元宇宙世界中架构起文化数字产业，需要将虚拟数字人作为人类交互端口的率先驱动，以实现从要素到整体的聚合式发展。

目 录

第 5 章　　技术革命与社会价值 /161

后记　／231

── 第 1 章 ──
什么是虚拟数字人

1.1　揭秘虚拟数字人

"虚拟数字人"最早作为医学用语，源于 1989 年美国国立医学图书馆发起的"可视人计划"（Visible Human Project，VHP）。2001 年，中国学界曾提出"数字化虚拟人体"的医学概念。而后很长一段时间，关于"虚拟数字人"的研究都集中于医疗领域。不同于医疗领域关注的虚拟数字人，本书所提及的虚拟数字人是一个集合了"虚拟""数字"和"人"三个要素的综合产物，其中"虚拟"指存在于非物理世界中，"数字"指运用信息科学的方法对形态进行仿真，"人"指具有多重人类特征，如外形、表现力及交互能力等。虚拟数字人的核心价值是打破物理界限，提供拟人化的服务与体验。

在网络范畴，虚拟数字人主要通过动作捕捉、三维建模等技术还原真实的人类行为，进而在各个平台进行展现。美国研究者玛蒂娜·罗斯布拉特在她的著作《虚拟人》中指出：虚拟人，即思维克隆人，是一个智能的、有情感的软件大脑，通过学习人的基本行为方式，获得像人一样的人格、回忆、信念、态度和价值观。这也扩展了每个普通人关于"我"的定义。

截至本书完稿时，关于虚拟数字人的术语，还有"数字人""数字虚拟人""网络人""赛博人""思维克隆人"等。本书作者通过梳理分析,认为"虚拟数字人"的界定较为合理。从传播学的视域来看,虚拟数字人是存在于数字世界的"人",借助各种数字化技术打造一个虚拟样态的人,是科技与文化相融合的产物。虚拟数字人侧重于对虚拟样态的呈现,在人类个性化设计中,与真人之间形成一种人格化、情感化的人机交互模式。值得注意的是,虚拟数字人在狭义上主要指通过集合多种数据形成的立体化的、场景化的非实体人物,在广义上还包含通过面部数据采集和模拟真人形成的二次元的、具有媒介性的"虚拟形象"。

为了更好地理解虚拟数字人,本书将其与虚拟形象、机器人、仿生人形成一个概念图谱。虚拟形象指的是通过漫画、动画或采集人体面部数据,模拟真人形成的形象,更偏向二次元形式,广义上的虚拟数字人也可以包含虚拟形象。机器人指的是一种可编程的、具有多功能的操作机,能够半自主或全自主工作,具有感知、决策、执行等基本特征,可以辅助甚至替代人类完成危险、繁重、复杂的工作,提升工作效率与质量,服务人类生活,扩大或延伸人类的活动及能力范围。机器人主要以原子形态为主,虚拟数字人则偏向于比特形态。仿生人,即仿真机器人,是以模仿真人为目的而制造的机器人,还有仿制人和人形机器人等名称。仿生人的仿真程度有所不同,有些可以从外观上识别,但没有真人的思想和感情。目前仿生人仍处在试制阶段,是长期以来科幻学科和机器人学科的一大主题。

本书认为虚拟数字人是通过聚合科技创造的存在于虚拟世界的,且具有类人特质的数字形象。它是元宇宙中人类进行虚拟时空感知的主要载体,是人机融生交互的组成部分,也是元宇宙的经济增值板块。

综合来看,虚拟数字人具有以下三个核心特征。

1. 环境感知性。虚拟数字人通过技术自动生成语音、表情、唇动等信息一致的类似真人的外观形象，具有高逼真度，能够感知人所处的不同环境，根据人的需求形成"化身"形象。

2. 人机交互性。虚拟数字人通过触摸或语音输入、人脸识别、动作追踪、传感器智能等多模态交互模式，即时接收用户信息并给予反馈。AI 驱动型虚拟数字人具有情感分析与表达能力，具有人机交互性。这在极大程度上提升了人类社会的想象力、创造力与生产力。在社交系统、生产系统、经济系统上实现了虚拟数字人与人类的虚实共生。

3. 依靠区块链、Web 3.0、数字藏品等技术进行经济活动。

截至本书完稿时，虚拟偶像与虚拟代言人是较为常见且研究较多的虚拟数字人。"虚拟偶像"一词在 20 世纪 90 年代的日本就已出现，伴随着数字技术特别是 AI 技术的发展而不断成熟，技术持续对虚拟偶像进行着形塑，其样态不断演进，故尚未形成明确定义。有研究者认为虚拟偶像是建立在 UGC 基础上的集体想象[1]，是通过算法与数字技术的融合，在互联网等虚拟场景或现实场景中进行偶像活动的无真实本体的架空形象，其外在形象与"人设"通常由官方提供，由粉丝群体进行后续内容与形象的补充。粉丝大多从兴趣动机出发，从外部获得精神激励。另有研究者将虚拟偶像与真人偶像相对应，认为虚拟偶像主要指的是电影中那些通过动画或计算机技术生成的虚拟数字人，最终像真人一样，成为广大观众心中的偶像。[2]

品牌代言人是品牌无形资产的重要组成部分。具有社会影响力的代言人可以将消费者对其自身的喜爱延伸到其代言的品牌或产品上，以此对品牌形

---

[1] 张自中，《虚拟偶像产业中 UGC 动机研究》。

[2] 王玉良，《虚拟明星：建构电影明星研究新视角——以动画明星 Baymax 为例》。

成情感认同，并产生正面的品牌态度和购买意愿。20 世纪 90 年代，随着二次元虚拟偶像的出现与走红，虚拟数字人开始被纳入品牌代言人的研究范围。品牌资产的鼻祖大卫·艾克（David A. Aaker）在界定代言人概念时，将虚拟数字人和动画角色也纳入考察范围，在某个品牌和为其代言的社会知名人士同时出现的场景下，消费者对该知名人士的固有印象和情感认知会向品牌本身偏移，从而形成关联现象。这样的现象不仅适用于真实的人类主体，也适用于虚拟数字人和动画角色，如海尔兄弟的动画角色。2020 年以来，随着技术和应用的发展，超写实虚拟数字人开始被广泛应用于品牌代言，即成为超写实虚拟代言人。当前品牌代言人主要分为以下几类，如图 1-1 所示。

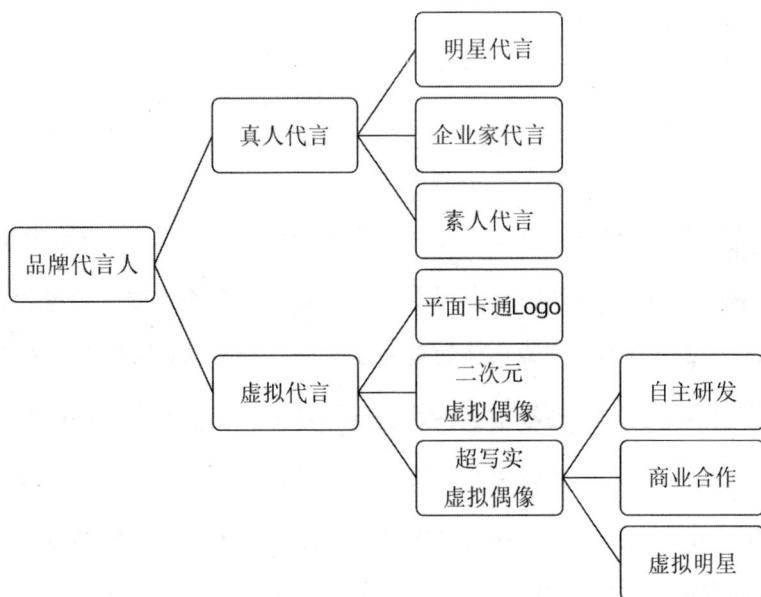

图 1-1 品牌代言人分类

诸多研究者利用意义迁移模型（The Meaning Transfer Model）对代言人的传播效果进行分析。在该理论框架下，品牌代言的意义迁移过程可分为以下三个阶段（如图 1-2 所示）：一是在一定的社会环境和文化系统中，代言人以鲜明独特的形象和性格，充分代表不同性别、不同年龄段、各种社会阶层、各类生产生活方式下的社会群体的价值观倾向，成为他们的偶像；二是当商家确定代言人时，被选中的代言人将由个人魅力与大众人设所构建的符号意义与品牌定位相融合，使品牌自身的符号意义进一步演进，使品牌产品更加符合目标受众的价值诉求；三是消费者在选择或消费该品牌产品的过程中，获取产品的价值意义与表征意义，对自我形象进行重构。

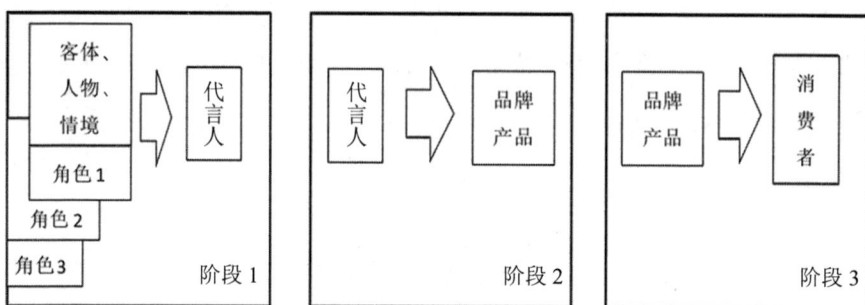

图 1-2　品牌代言的意义迁移过程

　　代言人与众不同的性格、形象等个性特征要尽量和其代言的品牌定位保持一致。代言人如与品牌定位出现水土不服式的冲突和矛盾，则可能会使最终的代言效果与预期的品牌传播效果南辕北辙。品牌代言人的外观形象和专业素养既要满足代言人的基本条件，也要与目标品牌的定位相匹配，从而使品牌宣传取得实际的传播效果和社会效果。如果与目标商家、品牌或特定产品在意义构建上出现冲突，那么特定代言人的符号象征意义将难以顺利地影响目标受众的潜在认知和情感态度，不利于构建目标消费群体对特定品牌产品的青睐。在品牌与目标消费群体通过交互实现品牌符号意义的构建过程中，不可或缺的前提条件是"代言人本身属性与品牌定位的一致性，以及目标消费群体对代言人及其代言产品的感性认知的一致性"。

当前许多虚拟代言人的研究对创造虚拟角色的一般规则进行了分类。这种分类描述了代言人的四个维度——外观（Appearance）、媒介（Medium）、起源（Origin）、促销（Promotion）。当品牌与虚拟偶像进行商务合作，利用虚拟偶像对品牌或产品进行代言，并利用官方媒体账号（如官方微博、官方网站）对代言广告进行"官宣"时，虚拟偶像便成为品牌的虚拟代言人。品牌的虚拟代言人不仅是品牌或产品的浅层次象征符号，还会在被设计时体现想要向目标消费群体传递的品牌价值、品牌个性等深层次内容，是企业无形资产的重要组成部分。与选择真人明星作为代言人相比，选择虚拟代言人具有更高的可塑性、稳定性、专属性，能够形成更好的品牌互动关系。与卡通形象代言人、二次元虚拟代言人不同，超写实虚拟代言人是有温度、有个性、有态度、能说话的，同时能够与消费者通过直播、短视频等全新的方式进行高频次、近距离交流，从而加深年轻消费者对品牌理念的理解。

截至本书完稿时，有许多国内外的学者利用信源特性理论和品牌适配理论对虚拟代言人的广告效果进行了测量和研究。已有多个研究表明，消费者对虚拟代言人的外形特征或个性感知会影响其对相关品牌的认可程度和购买意愿。通过深度访谈发现，消费者会更加关注虚拟代言人的专业性、怀旧性，以及这些特性与产品的一致性、相关性，他们还通过实证分析发现，虚拟代言人的专业性和怀旧性会对其可信度造成影响，而可信度会进一步对消费者的品牌态度产生显著影响。

在传播效果方面，虚拟数字人形象的差别直接影响了消费者对不同类型品牌的产品表达出的购买倾向，商家在选择虚拟代言人时，应以其品牌、产品的个性特征为参考，促使目标消费群体在充足的认知刺激下，直接产生有效的购买行为，达成广告的最终效果。虚拟代言人往往会表现出动态展示化、高度互动化和角色植入化的数字特征，消费者与虚拟代言人之间的交互行为加强了两者之间的联系，加快了品牌意义的传递过程，同时实现了品牌价值的丰富。类人的独特属性使得虚拟代言人能够在消费者接触和使用品牌产品时，极大地增强消费者对于产品的"参与感"，提升消费者在网络购物中的满意度。

近年来，许多品牌为了追逐潮流、更新品牌形象、吸引年轻消费者，纷纷选择虚拟数字人作为代言人。通过对市场的分析，笔者认为超写实虚拟代言人是企业选择的外观高度拟人化的虚拟偶像，品牌代言活动为其赋予了身份属性。超写实虚拟代言人与二次元代言人相比，具有以下区别（如表1-1所示）。

表1-1　超写实虚拟代言人与二次元代言人的区别

维度	二次元代言人		超写实虚拟代言人
形态	2D	3D	3D
代表	腾讯企鹅、京东狗	初音未来、洛天依	翎_Ling、AYAYI
代言方式	企业Logo、周边公仔	图文、歌舞表演	图文、视频、直播等多场景，可实时交互
外观特征	活泼可爱的卡通形象	具备人的基本外形特征，形象以平面的动漫角色为主	外形、神态与真人高度相似、难以区分
成本	成本最低，主要用于前期的形象设计，后期运营推广的技术含量低	成本介于卡通形象与写实形象之间，目前已可以通过换脸/换头技术进行快速生成，但IP塑造难度较大	前期建模与后期运营成本较高，需进行建模、捕捉、渲染等数字技术，一年成本可达数百万元
应用平台	企业及产品标识	B站	小红书、微博、抖音
应用情况	在过去使用的场景较多，当前较少被使用	发展已久，受众基础好，有大量爱好者，颇受综艺节目欢迎，已出现大量制作精良的二次元虚拟数字人，但知名度有限，破圈存在困难	目前市场接受度与认可度较高，但受成本制约，目前应用尚不广泛

当前品牌的超写实虚拟代言人共分为三种类型。第一种是品牌自主研发虚拟代言人，如屈臣氏推出年轻男孩形象"屈臣曦"，头顶淡黄色头发，穿着黄色卫衣；金典的"典典子"是一个白色短发、穿着绿色裙子的大眼萌妹；

花西子的同名虚拟形象则与真人高度相似，外形极具东方美感，眉眼温柔，仪态端庄，兼具清新与典雅之气。第二种是与外部较为成熟的虚拟数字人进行商务合作，如百雀羚等国产品牌选择在综艺节目《上线吧！华彩少年》中凭借国风超写实形象走红的"翎_Ling"作为产品代言人；Bose 耳机、安慕希希腊酸奶、阿里巴巴等选择在社交平台小红书上凭借酷炫照片收获十万次点赞的"AYAYI"进行品牌合作。第三种是打造真人明星的虚拟形象，并利用真人明星与其互动，如迪丽热巴与其虚拟形象共同拍摄 VLOG，林俊杰与其虚拟分身在演唱会上同台表演，百度 App 使用龚俊的虚拟形象作为品牌代言人。本书对三种类型的超写实虚拟代言人的特征进行了总结，如表 1-2 所示。

表 1-2　超写实虚拟代言人的三种类型及特征

	品牌自主研发虚拟代言人	与外部较为成熟的虚拟数字人进行商务合作	打造真人明星的虚拟形象
代表人物	花西子、屈晨曦（屈臣氏）、M 姐（欧莱雅）等	翎_Ling、阿喜、AYAYI、IMMA 等	迪丽冷巴（迪丽热巴）、千喵（易烊千玺）、林俊杰的虚拟分身
品牌类型	企业规模较大、资金实力较强，目前以美妆品牌为主	快销品牌、科技品牌等，多为知名企业品牌	已经与明星达成商业合作的大型企业品牌
粉丝规模	粉丝从无到有，且增长缓慢	粉丝规模较小，处于发展形成过程中	依托真人明星，粉丝规模较大
代言模式	作为品牌数字资产的一部分，体现品牌形象，传达品牌的价值理念，通过定制为自身品牌服务	仍属"契约关系"，企业购买数字服务，利用虚拟数字人借当下的热度进行营销	作为明星代言的衍生品，依然依靠明星的光环效应与粉丝经济来提高产品销量
主要成本	前期技术研发的成本巨大，并需要投入巨额的推广费用来培育品牌的社会知名度	投入成本较小，仅需提供单次广告费用或长期合作的项目支出	需要向明星及其经纪公司支付不菲的代言费用与数字资产使用费用，且无法长期拥有虚拟形象版权，使用的时间和场景均会受到限制
优势	品牌的虚拟代言人形象稳定，生命周期长，品牌关联性强	性价比较高，拥有一定的市场认可度，可以将已形成的形象认知传递给品牌	能带来较高的社会关注度与粉丝好感度，提升明星代言的效果

综上，本书将超写实虚拟代言人定义为：具备一定社会知名度的，凭借虚拟现实技术进行品牌代言活动的，外观高度类人的虚拟数字人。

美国学者唐纳德·A·诺曼（Donald A.Norman）在《情感化设计》中指出：情感因素在消费者的决策中有着重要作用，从认知心理学的角度提出了情感化设计的三层次理论。

他认为情感化设计包括本能层、行为层和反思层三个层次。其中，本能层情感化设计的要点是使产品能够为用户带来良好的感官体验；行为层情感化设计的要点是通过良好的功能操作令品牌获得消费者好感；反思层情感化设计的要点是为产品赋予特殊的意义，包括社会意义、文化意义、记忆唤醒等。本能层情感诉求的满足主要依靠可以对人的感官产生刺激并激发人本能反应的部分要素，如尺寸、色彩、材质、形态等；行为层情感诉求的满足主要依托产品的良好功能操作体验，如运行流畅、应答高效等；反思层情感诉求的满足则主要依靠产品的个性化属性给人们带来特定情感的满足，如价值追求、唤起记忆等。

学术界对于该理论下情感测量的方法主要包含：以自我心理报告为代表的主观测量方法和用机器测量生理反应的客观测量方法。其中，以语义差别量表问卷的形式收集、分析消费者心理感受的情况较为常见，相关方面的专家将情感化设计理论用于新闻传播学的研究，总结出情感化设计三层次理论指导下的虚拟偶像产品设计框架（如图 1-3 所示），利用该框架对虚拟偶像的设计原则进行了分析，同时分析了虚拟偶像的情感价值和传播逻辑，并在该理论视角下对其破圈方式和未来发展提出了建议。

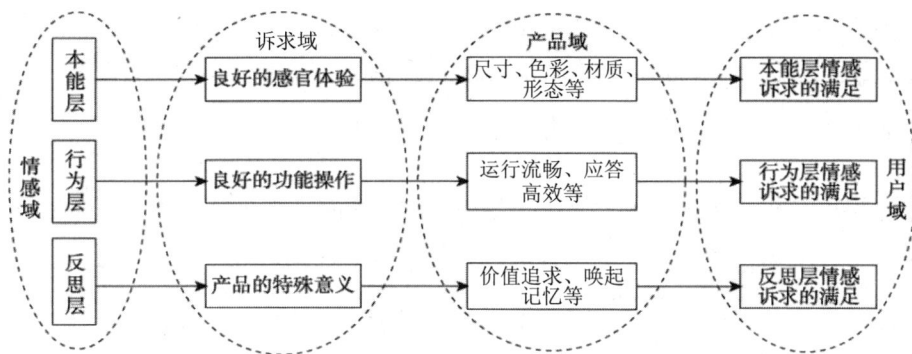

图 1-3　情感化设计三层次理论指导下的虚拟偶像产品设计框架

与之相似的是，在传播效果理论的研究中，受众接收信息的心理层面按照发生逻辑被分为认知层面、情感层面、态度层面和行为层面。二者均是从受众（消费者）的心理角度出发进行分析的，使得传播效果理论与情感化设计理论产生了巧妙的对应关系。

ABC 态度模型常用于传播学中的传播效果研究，该模型从受众的认知态度、情感态度与行为态度的相互关系角度进行了归纳，强调认知、感情和行为之间的相互关系，与情感化设计理论中的"本能、行为、反思"基本对应。传播效果研究的经典理论"使用与满足"更强调了传播对于受众需要的满足，该理论进一步梳理了媒体需要满足受众的 35 种需要，其中包括认知需要、情感需要、个人整合需要、社会整合需要、压力纾解需要，更是与情感化设计理论内在统一。

对于情感化设计理论和传播效果理论，一些学者认为，传播效果理论和情感化设计理论均是服务于受众的理论，传播效果理论侧重于对受众需要的分析、总结，情感化设计理论侧重于基于受众分析结论而构建产品设计思路。因此可以将两个理论视为同一个从认识到实践的行为过程，两者的内在逻辑统一于满足受众的需要。本书在前人已有的研究基础上，将信源可信性模型、信源吸引力模型、匹配一致性模型、ABC态度模型与情感化设计三层次理论模型进行整合，几者的有机结合基本可以适用于强媒介属性的产品功能设计和传播效果研究。因此本书选择采用情感化设计三层次理论模型构建评估传播效果的体系，初步将超写实虚拟代言人的本能层特征定义为感官体验，由外观设计、性格特征组成；将行为层特征定义为功能操作，由互动能力、应用场景、产品功能组成；将反思层特征定义为情感认同，主要研究超写实虚拟代言人与品牌的一致性；将品牌认知、品牌情感、购买行为作为传播效果的衡量标准，并采取深度访谈、问卷调查与大数据分析相结合的测量方法，希望能够提高研究的真实性、可靠性。

超写实虚拟代言人将凭借以下"三大价值"提升传播效果。

首先，超写实虚拟代言人能够利用多种传播媒介持续进行内容产出，发挥自身的传播价值。作为多种媒介技术融合的产物，相较于真人明星，超写实虚拟代言人的传播形式更加丰富多样，其作为企业购买的数字资产，能够利用虚拟现实技术、全息投影技术等，在传播过程中突破时空限制，随时随地协助品牌开展营销活动。它不仅可以担任"传播者"的角色，还可以作为一种自带关系属性、偏向功能聚合的复合媒介，承担"传播渠道"的作用，甚至创造出全新的消费场景。麦克卢汉曾言"媒介即人的延伸"，经过技术演进与迭代的超写实虚拟代言人能够延伸消费者在传播过程中的视觉、听觉、触觉等综合感官体验。企业希望超写实虚拟代言人不仅是一个品牌符号、一个"花瓶"，更是持续进行内容产出的"营销利器"，能够代替真人主播进行直播带货，借此丰富消费场景。同时，超写实虚拟代言人的UGC属性可以提高用户的参与感，使用户与虚拟代言人产生更强的情感纽带，同时企业将能够拥有更多的主导权。超写实虚拟代言人粉丝的参与感可以体现在以下几个方面：一是可以参与到内容的生产制作之中，譬如基于 VOCALOID 等开放的编辑平台，为超写实虚拟代言人制作歌曲，并由其进行演唱；二是通过仿妆、绘画等二次创作，与其进行互动，同时为品牌带来二次传播和曝光，例如社交媒体上风靡一时的"柳夜熙仿妆"；三是在孵化自有超写实虚拟代言人的过程中，品牌方可以尝试与消费者进行更多交流，设计出消费者期待的、贴合品牌特性的代言人，努力打造品牌与受众之间坚固的情感连接，如此才能获得更为长久、更为丰富的现实收益。

其次，通过为身份型超写实虚拟代言人增添服务属性与文化属性，可以有效发挥其服务价值。近年来，许多企业虽然看中真人明星的偶像价值与其在粉丝群体中的影响力，并以高价邀请明星进行品牌代言，但是，企业也对明星的"塌房"风险与宣传周期的不确定性有所顾忌。市面上应用较多的超写实虚拟代言人就是在此场景下应运而生的虚拟偶像，承担着传递品牌价值的功能。此类品牌代言人以身份型代言为主，很少具备服务属性。许多企业为了提高产品销量，还会与一些网红 KOL 进行直播合作，利用其推销能力进行带货。而超写实虚拟代言人可以凭借技术的发展将两种功能进行融合，譬如为身份型数字人增添服务属性，通过技术让超写实虚拟代言人进行 7×24 小时的直播带货活动，添加智能客服系统，实时为用户进行答疑解惑，通过此类服务属性来提高用户对超写实虚拟代言人的感知，从而进一步提升对品牌的感知。此外，超写实虚拟代言人还可以通过全息投影视频、周边授权等方式，持续加强与品牌合作的深度。

最后，提高超写实虚拟代言人的互动能力，发挥其精神陪伴价值，也是提升传播效果的有效方式之一。再好看的皮囊，也需要有趣的灵魂加持。尽管"颜值"是超写实虚拟代言人的第一张名片，决定着其是否能够凭借第一印象获得用户关注，但是只有与消费者产生"共情"，才能与消费者构建起情感纽带，成功提升品牌影响力。情感认同在消费者与代言人态度、品牌态度间具有显著的正向影响。同样的道理，在粉丝经济中，人们掏钱购买的并不是冰冷的、工业流水线般的明星形象，而是自身与偶像的"共情"，是通过和偶像建立联系对偶像产生情感认同，并在长期追随中产生与其共同成长的感受。然而截至本书完稿时，尽管市面上的超写实虚拟数字人层出不穷，也收获了越来越多的关注，但尚未出现一个虚拟偶像能够具备"顶流"明星的影响力。

因此，企业应更加专注于IP打造，丰富虚拟偶像背后的人物故事，在人设塑造方面为其注入文化底蕴与价值观层面的灵魂。如今，国风成为时代热潮，在超写实虚拟代言人的形象与人物设定上，可以将博大精深的中国传统文化作为切入点，通过文化认同感寻求市场共鸣，譬如虚拟数字人翎_Ling的诞生与发展都与传统文化息息相关，不仅她的姓名、外形、五官、穿搭风格具有浓厚的东方色彩，其在社交媒体上更新的日常生活也反映出她热爱书法、戏曲等中国传统艺术，这为她积累了大量志同道合的粉丝，也斩获了一系列与其气质相符的国货、国风产品代言。

不过，随着科学技术的不断发展，超写实虚拟代言人需要同步演进，在演进过程中要不断完善自身的感官体验和功能操作，建构人物的IP故事，塑造出更具吸引力、亲和力的虚拟形象。但绝不能以牺牲品牌的真实性来无限制地追求超写实虚拟代言人的技术突破，要自觉坚持在法律、伦理和道德的约束下研发，忠于品牌精神与社会的道德标准。

1.2 虚拟数字人的发展环境

国内虚拟数字人应用趋热，政策环境、技术环境、媒介环境、社会环境等均为其发展提供了较大的支持，使得虚拟数字人产业迅速发展。

1.2.1 政策环境

中国人工智能产业化发展迅速，技术发展日益成熟、应用场景日益丰富。人工智能产业的优化升级为经济社会发展注入了新动能，如何把握好这一发展机遇成为人工智能与社会发展的重要议题。

2017 年 7 月，国务院印发《新一代人工智能发展规划》，指出："针对我国人工智能发展的迫切需求和薄弱环节，设立新一代人工智能重大科技项目。加强整体统筹，明确任务边界和研发重点，形成以新一代人工智能重大科技项目为核心、以现有研发布局为支撑的'1+N'人工智能项目群。"

2021 年 6 月，工业和信息化部、中央网信办联合发布《关于加快推动区块链技术应用和产业发展的指导意见》，明确指出我国的发展目标："到 2025 年，区块链产业综合实力达到世界先进水平，产业初具规模。到 2030 年，区块链产业综合实力持续提升，产业规模进一步壮大。"

2021 年 9 月，国家新一代人工智能治理专业委员会发布《新一代人工智能伦理规范》，其中的第二章第六条指出："遵守人工智能相关法规、政策和标准，主动将人工智能伦理道德融入管理全过程，率先成为人工智能伦理治理的实践者和推动者，及时总结推广人工智能治理经验，积极回应社会对人工智能的伦理关切。"

2021 年 11 月，工业和信息化部印发《"十四五"信息通信行业发展规划》，指出:"建设新型数字基础设施、拓展数字化发展空间、构建新型行业管理体系、全面加强网络和数据安全保障体系和能力建设、加强跨地域跨行业统筹协调。"

2021年12月,《国务院关于印发"十四五"数字经济发展规划的通知》指出:"创新发展'云生活'服务,深化人工智能、虚拟现实、8K高清视频等技术的融合,拓展社交、购物、娱乐、展览等领域的应用,促进生活消费品质升级。"

2021年12月,《国务院关于印发"十四五"旅游业发展规划的通知》指出:"加快推动大数据、云计算、物联网、区块链及5G、北斗系统、虚拟现实、增强现实等新技术在旅游领域的应用普及,以科技创新提升旅游业发展水平。"

2022年1月,上海市经信委召开会议,强调"要引导企业加紧研究未来虚拟世界与现实社会相交互的重要平台",被业内称为"我国地方政府对元宇宙相关产业发展的第一次正面表态"。工业和信息化部表示,要培育一批进军元宇宙、区块链、人工智能等新兴领域的创新型中小企业。

2022年7月,上海市发布《上海市培育"元宇宙"新赛道行动方案(2022—2025年)》。同月,上海市人民政府办公厅印发的《上海市数字经济发展"十四五"规划》指出,政府支持龙头企业探索NFT①交易平台建设。同年,上海成立张江元宇宙创新发展联盟,张江元宇宙生态已涵盖2400家企业。

这些政策的出台在某种程度上都极大促进了虚拟数字人技术的发展。

1.2.2　技术环境

虚拟数字人在底层技术、中层开发、应用平台三个层面的发展较为成熟。显示设备、光学器件、传感器和芯片等硬件设备为虚拟数字人的呈现提供了载体;建模软件、渲染引擎、2D设备(手机、电视、投影仪)和3D设备(裸

---

① NFT的全称是Non-Fungible Tokens,是数字世界中"不可被替代"的资产。

眼立体设备、AR 设备、VR 设备）的发展相对成熟，为虚拟数字人的呈现提供了终端和载体。在上述基础上，硬件系统、生产技术服务平台、AI 服务平台发展起来了。截至本书完稿时，腾讯、百度、搜狗、魔珐科技、相芯科技等公司均已上线了相应的数字人技术服务平台，可以根据行业需求，为用户提供定制化服务。科大讯飞利用自有语音合成、人脸建模、形象驱动、图像处理等多项 AI 技术推出虚拟主播。虚拟数字人的应用延伸到影视、传媒、游戏、金融、文旅等领域，出现了娱乐型数字人（如虚拟主播、虚拟网红、虚拟偶像）、教育型数字人（如虚拟教师）、服务型数字人（如虚拟讲解员、虚拟客服、虚拟导游、智能助手）、影视型数字人（如虚拟演员、"换脸"演员）等。

1.2.3 媒介环境

2019 年被业界认为是我国媒体真正成规模地使用 AI 技术的开端，机器写作、AI 主播、智能大脑、智能终端等技术从中央媒体平台到地方媒体平台开始被大范围传播并探索应用，我国真正进入智能媒体时代。借助 AI 技术，能够依据计算机程序自主进行内容生产、账号操作的媒体平台大范围涌现。以 5G、大数据、云计算、物联网、人工智能、区块链等元宇宙技术为代表的新一轮信息革命浪潮汹涌袭来，将给传统的媒体格局、产业生态、舆论环境带来新的变革、机遇与挑战。推动虚拟数字人广泛应用于电影、电视、网络直播等融媒体平台，提高传播效率和智能化水平，成为媒体未来的发展方向。

1.2.4 社会环境

在新冠疫情期间，人们的活动轨迹受到限制，因而，在各类活动中打破时空界限与肉体束缚，实现"赛博在场"成为人们生活的常态。虚拟发布会、在线峰会、网上购物、网络直播、在线教育、远程医疗、宅经济、二次元文化等带来的虚拟消费习惯使得"非接触经济"全面提速。虚拟偶像、数字分身正在元宇宙概念的浪潮下走进大众视野。

近年来，"Z世代"为虚拟数字人的主要用户群体，他们往往被虚拟数字人的IP所吸引，以二次元动漫、游戏等为消费对象，在虚拟交流中实现情绪共振。据国家统计局、中国互联网络信息中心数据显示，截至2021年6月，"Z世代"活跃用户已超2.2亿人，约占全体移动网民的22%，月人均使用时长超过160小时，成为移动互联网重度用户；线上消费能力和意愿均远高于全网用户。该群体的消费与审美需求直接影响了虚拟数字人的研发与应用。2020年，国内用户上网时长大幅增加，"宅经济"快速发展。线上与线下打通，人类现实生活开始大规模向虚拟世界迁移，人们成为现实与数字"两栖"物种。

虚拟数字人正朝着智能化、便捷化、精细化、多样化的方向发展，但受成本及应用场景的限制，二次元虚拟形象的发展较为成熟，三维的虚拟数字人产出仍处于"方兴"阶段。

1.3　虚拟数字人的发展阶段

虚拟数字人的发展与其制作技术的进步密不可分，从最早的手工绘制到现在的CG（Computer Graphics，计算机绘图）生成、AI合成，再到未来场景应用与智能技术的深化，虚拟数字人的发展可大致划分为1.0（探索）、2.0（智能）与3.0（仿真）三个阶段。

在虚拟数字人的1.0阶段（探索阶段），由于技术不成熟，其语音、表情、肢体的仿真程度均较低，与真人形象差异悬殊，且制作效率较低、成本较高，因此，这一时期的虚拟数字人应用较为有限。1982 年，日本创造了世界上第一位虚拟歌姬——林明美；1984 年，英国基于一位经过特效化妆的真人演员形象制作了虚拟数字人——Max Headroom，主要应用于电影与广告的拍摄；2001 年，世界上第一个虚拟主持人——阿娜诺娃（Ananova）诞生；2004 年，央视电影频道推出了国内首位虚拟电视节目主持人——小龙；2007 年，日本制作了第一个被全世界广泛认可的虚拟数字人——初音未来，其形象主要通过 CG 技术生成，人物声音采用语音引擎合成，呈现形式相对粗糙。

在虚拟数字人 2.0 阶段（智能阶段），深度学习技术的突破使虚拟数字人的制作过程得到简化，AI 驱动型虚拟数字人开始崭露头角。这一时期虚拟数字人的主要特点是"真人驱动 +AI 引入"，虚拟主播大规模兴起，在技术上实现了通过输入新闻文本即可进行播报的效果，且虚拟主播的发音、唇形、面部表情等均与真人主播无异。2016 年，一位自称"超级 AI"的虚拟主播——绊爱在 YouTube 上首次亮相；2018 年，新华社与搜狗联合发布了全球第一个全仿真智能合成主持人；2019 年，央视春晚开始组建虚拟主持人团队，基于春晚主持人的形象创建虚拟数字人形象。同年，浦发银行和百度共同发布了数字员工——小浦，也是利用自然语言处理、语音识别、计算机视觉等 AI 技术制作的虚拟数字人，用户可以通过移动设备来选择银行的业务服务功能。

在虚拟数字人 3.0 阶段（仿真阶段），由计算机虚拟合成的、高度逼真的三维立体虚拟数字人，不仅能实现自动表演与播报，还能与人进行实时情感互动。这一阶段是虚拟数字人进化的最高阶段，其在形象上与真人无异，在数据上能够进行存储、筛选，在情感上能够精准识别与实时交互，在功能上能够实现多领域、多角色的应用服务。从形象仿真的角度来看，2019 年美国影视特效公司数字王国创造了写实级逼真程度的虚拟数字人——DigiDoug，其在 TED 演讲中能够对表情、动作进行实时捕捉并展现；2020 年，在国际消费类电子产品展览会（International Consumer Electronics Show，CES）上，三星旗下的 STAR Labs 展示了虚拟数字人项目 NEON，其通过对人物面部表情、声音等原始数据进行捕捉并学习，能够自主创建未录入过的新表情、新动作、新语音等，从而进行情感表达与沟通交流。

1.4 虚拟数字人 IP "活态化" 的发展历程

"活态"一词源于非物质文化遗产的保护与传承。在虚拟数字人 IP 的打造中，"活态化"主要指虚拟数字人 IP 的生命化，即虚拟数字人 IP 不再是一个固态的、机械的刻板形象，而是具有数据人格、数字灵魂的生命个体。虚拟数字人 IP 的生命化意味着个体 IP 可以双向、主动地与外界互动，吸纳外界的激活信号与信息输入。

传统 IP 的单向传播无法充分调动受众的参与感，于是，一些品牌方推出了加入智能语音交互功能的虚拟数字人 IP，使之成为帮助用户处理具体事务的虚拟助手，或是陪伴用户使用媒介的玩伴。例如，腾讯打造出王者荣耀智能机器人"妲己"，使虚拟数字人 IP 实现了深定制、长陪伴、多场景。

当虚拟数字人 IP 实现和用户的交互时，品牌便将目标提升为培养用户的产品使用习惯，能长时间陪伴的虚拟数字人 IP 会使用户产生更深层的情感，甚至形成"养成系"体验，增强虚拟数字人 IP 的定制感。如微软小冰和红袖读书合作，将 100 位图书 IP 通过 AI 唤醒，用户可以根据自己的喜好对 IP 进行培养，使其表现出更符合自己预期的行为，实现私人定制的需求。

在技术不断迭代的背景下，虚拟数字人 IP 不仅能被融入用户媒介、产品体验中，更能打破场景的壁垒，陪伴用户在其他平台、场景下进行社交、游戏、办公等活动，实现元宇宙"破壁"般的万物融合。虚拟数字人 IP 的身份可以是虚拟的宠物、伴侣、子女、同学等，令用户不仅能见证虚拟数字人 IP 被自己塑造而发生的改变，也能洞见自身在这一过程中的成长。

截至本书完稿时，虚拟数字人 IP "活态化"主要分为以下三类。

（1）从 Logo 到形象。品牌基于传播需求，设计平面形象（IP 形象）作为品牌"吉祥物"，如图 1-4 所示。IP 形象是抽象化的品牌理念被具象化后的产物，承载了品牌希望消费者被唤起的感性共鸣，并以独特的气质将该品牌与其他品牌进行区分。

图 1-4 品牌的 IP 形象

（2）从不会动到会动。动态的 IP 形象更能传递亲切感，引发受众的共情，使品牌形象更加鲜活生动。品牌方进而在宣传视频中加入 IP 形象的二维动态呈现，增强 IP 形象的表现力。例如，在蜜雪冰城推出的"洗脑"宣传短片中，其雪王 IP 给网友留下了深刻印象，如图 1-5 所示。

图 1-5　蜜雪冰城宣传短片截图

（3）从二维到三维。虚拟数字人概念流行后，品牌方开始推出人物 IP，并从二维动画展示进化为三维立体呈现，追求更加拟人化的效果，以拉近和受众的距离。例如，肯德基将平面的人物 IP 山德士上校升级为超写实虚拟数字人，网友们表示"高级又帅气"，如图 1-6 所示。

图 1-6　肯德基 IP 形象

传统 IP 难以与受众互动，元宇宙时代的到来在一定程度上促进了 IP 的数据化、生命化。虚拟数字人 IP 具有专属的声音、性格、技能，能够实现可视化、交互型、养成型、定制型功能，以满足各类商业场景的需求，其具体解决方案为孵化虚拟助手、虚拟导购、虚拟宠物等角色，实现虚拟数字人 IP 的社交化运营。

1.5　虚拟数字人及其衍生价值

价值的本质在于主体性和客体性的统一，即主体需要和客体属性的统一。人的价值的实质是人对各种需求的追求和索取的问题，而人的需求按照马斯洛的理论又可分为高低不同的五个层次。人对这五种需求的追求与索取，形成了人的自我价值，同时人对五种需求的参与创造给社会和他人以奉献和满足，又体现了人的社会价值。

虚拟数字人作为人类在虚拟世界中的分身，满足了人类进入虚拟世界、具有虚拟世界主体表征的需求，拓展了人类观察由本我构筑的虚拟数字人的"元宇宙视角"，通过在现实世界中和虚拟世界交互，实现了虚拟数字人作为元宇宙基础生命形态的根本价值。

1.5.1　数字身份

虚拟数字人是现实世界中的人类在元宇宙世界中的身份标识，且作为个人具身化形象能够实现脸部特征、表情状态、手势姿势的变化，具有互动感和仿真性。在元宇宙数字经济系统中，虚拟数字人拥有与用户真人身份相对应的独有 ID，且用户对其虚拟数字人的数字身份信息具有控制权，可以决定是否与其他用户进行交互，也有权利选择是否公开自己的信息，毕竟用户隐私十分重要。另外，一个真人用户可能拥有不同的数字身份，即不同的虚拟数字人分身，如工作虚拟数字人分身和生活虚拟数字人分身，但无论有多少分身，他们都是基于用户真实身份的数字身份。因此，虚拟数字人是现实世界中的真人通往元宇宙数字世界的通行证，其特征及权益使其数字身份具有稀缺价值。

1.5.2　数字劳动

由于用户每天拥有的时间是有限的，也是具有排他性的，即在同一段时间内用户只能登录有限的数字平台，因此，元宇宙中的"在场"本身就是一种稀缺的价值。

首先，虚拟数字人的数字劳动本身是一种时间消费。在元宇宙发展初期，数字劳动仍然具有生产性数字劳动的特征。因此，虚拟数字人在元宇宙中从事数字劳动，其收益方不仅包括用户本身（用户通过完成任务获得数字资源或数字货币），还包括元宇宙数字平台方（平台方通过"剥削"剩余价值获得收益），这也是元宇宙发展初期的一种典型的价值分配方式。由于元宇宙数字平台最初会以一个个企业项目的形式出现，因此平台对用户的劳动剥削可能仍会存在，但随着元宇宙数字经济系统的不断完善，其价值分配将变得更加合理和公平，逐渐从生产性数字劳动向投入产出相对等的数字劳动转变。

其次，虚拟数字人可以通过向其他虚拟数字人用户售卖商品或为雇主劳动来获得收入。一方面，可以作为创意方利用自己的时间和知识生产创意商品，并通过售卖商品的方式赚钱，在《集合啦！动物森友会》中，就有专门售卖DIY手册的商家，他们主要根据道具制作的时间成本对商品进行定价，制作时间越长，商品的价格越高，大量的订单需求使得这些商家获得了可观的收入。另一方面，在元宇宙数字经济系统中，也会存在一些虚拟打工人，其原因是元宇宙经济和现实经济一样，每个人的时间都有限，劳动分工不可避免，即元宇宙世界应该是由玩家（用户）共同创建的，若这种共同创建的工作是某人要求他人代做的，那就变成了劳动雇佣。

1.5.3 数字消费

虚拟数字人在元宇宙世界中同真人在现实世界中一样，需要进行"生活"消费。在元宇宙中，数字消费领域正在扩展，逐渐涵盖了虚拟数字人的各种消费模式。

首先，虚拟数字人分身形象是元宇宙中的一个巨大市场。由于元宇宙中用户的所有体验都围绕其虚拟数字人分身展开，因此分身形象是元宇宙中自我呈现与形成自我认同的重要渠道，用户对虚拟数字人形象的追求使 3D 捏脸行业逐步兴起。截至本书完稿时，Soul 平台中已有约 80 位 3D 捏脸师，最高月收入约为 4.5 万元，用户可利用 3D 捏脸对分身形象进行私人定制，从而打造自己在元宇宙数字世界中的理想形态，在元宇宙中实现自我价值的精准定位。另外，虚拟数字人的"生活"消费也会改变现实世界中人们的消费选择，而与虚拟分身具有很强关联的文教娱乐活动、塑造分身形象的虚拟服饰将成为备受资本关注的重点领域。其中，Genies 官方已集合了 2000 多位名人，打造了虚拟分身平台，并在新冠疫情期间与世界卫生组织合作，联合数百位明星在虚拟分身平台上发布了有关新冠疫情的教育视频，大大提升了知识的传播速度；Gucci、Ralph Lauren 等时尚大牌也已经在虚拟平台上发布了各自的虚拟服装产品，还出现了一些定制的虚拟物品。

1.5.4 社交互动

社会属性是人类的根本属性，社交需求在元宇宙世界中同样重要，人们也可以利用元宇宙世界构建的社交互动场景为现实世界服务。因此，在元宇宙世界中，虚拟数字人的社交互动场景可分为两种类型：一是为元宇宙世界服务的虚构社交场景；二是元宇宙世界归于现实世界的社交场景。其中，元宇宙世界的虚构社交场景类似于游戏中的玩家与 NPC（Non-Player Character，非玩家角色）的互动，但这并不是元宇宙特有的社交场景，毕竟在 NPC 互动性方面，有大量体验感胜过元宇宙的游戏存在。元宇宙社交场景方面的价值更多地体现在满足现实世界的社交需求，以及能够为元宇宙的经济活动创造劳动财富上。事实上，现实世界中的社交本就依赖场景（比如老总谈生意要在高尔夫球场上，英国工人的社交场所是酒吧），而社交媒体打破了场景限制，元宇宙则又在虚拟世界中重建了仿真的社交场景，这其实是更符合人们真实社交习惯的。例如，人们在元宇宙场景中用 Word 写作，制作 PPT，然后用 PPT 在现实世界中开会，或依托元宇宙场景进行线上商务会议，这些本质上都是为现实世界的经济活动创造价值的劳动；又如设立数字博物馆、教育课堂等，可以宣传教育理念、弘扬传统文化，在元宇宙场景中传授知识等，这不仅拉动了现实世界的文化教育产业，而且为社会的精神文明建设提供了便捷的场所。总的来说，元宇宙社交互动场景的主要目的就是让用户建立起社交关系并进行经济活动，即通过基于场景的交互和协作实现边际收益递增，这是元宇宙社交互动场景应用虚拟数字人技术所产生的新价值。

—— 第 2 章 ——
如何打造虚拟数字人

2.1　如何让虚拟数字人越来越逼真

早期的虚拟数字人偏向于二次元，可参考以初音未来为代表的虚拟歌姬。20 世纪 80 年代，人们尝试通过手工绘制将虚拟数字人引入现实世界，但低效的绘制手段让虚拟数字人只能应用于极少数领域。到了 21 世纪初期，CG、动作捕捉等技术逐渐成熟，使虚拟数字人能达到实际使用水平，但制作成本相对较高，因此主要应用于影视娱乐行业，如数字分身、虚拟偶像等。自 2016 年以来，虚拟数字人才迈入初级阶段。得益于深度学习算法的突破，虚拟数字人的制作效率得到显著提升，在多个领域开始崭露头角，发展也步入正轨。2020 年，虚拟数字人朝着智能化、便捷化、精细化、多样化的方向发展，进入发展的成长期，在多个领域实现了创新应用。从虚拟数字人经历的发展阶段可以看出，每一次技术变革都为其带来了新的发展机遇，进而形成了更广泛的应用。随着市场化的逐渐深入，人们发现"超写实"带来的真实感、亲切感、关怀感能让绝大多数消费者产生使用动力。因此，能否提供足够自然且逼真的交互体验，成了虚拟数字人能否取代真人、完成交互方式升级的关键。

如今，人们的生活与网络无缝对接，工作、学习、社交、娱乐都非常依赖互联网，我们通过网络来连接现实世界中的人，在这个维度里，"人"的概念本身也已经开始"数字化"。以腾讯互娱联手新华社打造的全球首位数字航天员小诤为例，研发团队扫描了 5000 多个表情数据进行建模，配合 8192 像素 ×8192 像素的高精度材质贴图、实时模拟的皮肤透光、143 根骨骼以及 3A 级标准动作捕捉技术，使得虚拟数字人小诤在外观上与真人相差无几且灵活生动。

虚拟偶像的本质是"虚拟数字人 + 造星运营"。多种技术手段建构的虚拟偶像可以拥有多元化的"才艺"，开展多样化的演艺活动，在更多领域展示出可塑性。虚拟偶像的内容生产过程充分体现着市场逻辑，为了挖掘商业价值，其在多元变换的场景中进行多样化呈现，以满足粉丝群体、市场用户和品牌方的需求。加入多元网络之后，更多的受众可以接触到虚拟偶像，于是各市场主体纷纷发力，打造了形形色色的虚拟偶像及演艺活动，虚拟数字人已经跳脱曾经的二次元世界，频繁地活跃在现实世界的演唱会、走秀、游戏、社交账号中。据 iMedia Research（艾媒咨询）数据显示，中国虚拟数字人市场规模呈现高速增长态势。2021 年，中国虚拟数字人带动产业市场规模和核心市场规模分别为 1074.9 亿元和 62.2 亿元，预计 2025 年将分别达到 6402.7 亿元和 480.6 亿元。2021 年的《虚拟数字人深度产业报告》显示，到 2030 年，我国虚拟数字人整体市场规模将达到 2700 亿元。而未来，受虚拟数字人相关技术持续演进、消费受众年轻化、营销方式多元化和变现场景丰富化等多因素驱动，虚拟偶像的市场规模将持续扩大。

除了虚拟偶像，互联网 3.0 时代又将人们对虚拟数字人的关注推向了新的高度。清华大学新媒体研究中心发布的《2020—2021 年元宇宙发展研究报告》指出，元宇宙是整合多种新技术而产生的新型虚实相融的互联网应用和社会形态。元宇宙是一个平行于现实世界，又独立于现实世界的虚拟空间，是映射现实世界的在线虚拟世界，是越来越真实的数字虚拟世界。人无法通过肉身直接进入虚拟空间，想要进入元宇宙就需要被标记、被元宇宙中的原生事物识别，而这需要与虚拟数字人形成映射。换言之，虚拟数字人是现实世界与虚拟世界的桥梁，是人类进入元宇宙的刚需。无论是在技术上还是在应用上，虚拟数字人都在快速发展，在元宇宙概念的推动下全面开花，迎接着前所未有之机遇。

这样的市场前景又为虚拟数字人技术的发展提供了资本的肥沃土壤。据不完全统计，近三年间，数十家与虚拟数字人技术相关的企业获得了资本市场的青睐，拿到了一轮甚至多轮融资，融资金额在几百万元至数亿元不等。这些公司分别致力于虚拟偶像的建模及动作捕捉、动画生成、图像处理等技术，其中，走动作捕捉路线的、提供虚拟数字人引擎的技术公司融资金额较高。例如，虚拟偶像翎_Ling 的技术供应商魔珐科技获数亿元的 A 轮融资、虚拟IP"我是不白吃"的技术供应方迈吉客获上亿元的 B 轮融资、虚拟 IP"南梦夏"的技术供应方相芯科技获七千万元融资等。这反映了能够降低虚拟数字人应用成本的技术型公司被资本市场所看好。

通过观察资方可以发现，除投资机构外，阿里巴巴、字节跳动、网易、B 站等互联网大厂也纷纷入局。字节跳动、阿里巴巴联手投资乐华娱乐，被认为看中了后者打造的虚拟偶像女团"A-SOUL"。网易分别投资了自定义的虚拟分身系统 GENIES、虚拟数字人社区 IMVU 和虚拟数字人运营公司次世文化，可以看出其在进行贯穿产业链上下游的布局。B 站也如此，2019 年，B 站在收购了头部虚拟偶像洛天依的母公司上海禾念后，又先后投资平塔科技、Lategra 等公司来提升自身的 VR 动画技术和虚拟演唱会技术。

正是在这样的背景下，人们对虚拟数字人寄予了过高的期待。学术界也认为其以多元技术合成、智能化深度学习、完美的运营形象、多变的角色身份、充满情感能量的交互场景、跨界的文娱产业价值等优势，将给大众带来别样的体验，能充分满足粉丝群体的情感、梦想与欲望等，会营造狂欢式的新型智能技术消费文化氛围，也将使整个社会呈现出鲜明的智能虚拟文化景观，具有极大的商业变现潜力。

然而，在虚拟数字人行业的实际发展中，这种社会虚拟文化景观并未形成。截至本书完稿时，中关村数智人工智能产出联盟数字人工作委员会副理事长熊伟认为，社会对虚拟数字人产业的发展还是要有足够清醒的认识，虚拟数字人技术还有很多不成熟的地方，但随着热点新闻的吸引、资本的热捧，不少企业和用户对虚拟数字人产生了过高的期望，而实际上，虚拟数字人的承载场景和应用场景还没有大家想的那么丰富。

本书将从技术角度切入，以较为简洁、通俗的方式介绍虚拟数字人的关键技术、发展现状及前沿趋势，拨开资本炒作的重重迷雾，讲清虚拟数字人技术"是什么"，而非"应该是什么"，致力于让读者对虚拟数字人有更加清晰、客观的认知。

2.2 打造一个虚拟数字人的技术

虚拟数字人的"活态化"属性是其核心要素。这种高度拟人化不仅需要非常准确的表情与动作表达，还需要在观测视角、光照、时间发生变化时，让虚拟数字人的颜色、亮度、尺寸等特征也能够产生对应的变化，呈现出逼真的视觉效果。为了适应观测视角的变化，需要采集虚拟数字人的三维信息，这里采用的主要方式有利用 Maya 等三维软件制作、多视点真人三维扫描等；为了适应虚拟场景中光照的变化，厂商通常会基于虚拟数字人的材质贴图（漫反射、高光、法线）进行渲染（重光照），材质的获取途径有人工制作、基于光照模型解算这两种方式；为了适应时间的变化，需要让虚拟数字人有丰富的表情、逼真的肢体运动，这里采用的主要方式有手 K 动画、面部与动作捕捉驱动、动态三维重建等。

不同类型的虚拟数字人的技术实现路径有所不同。按照是否具有交互能力可分成以下两种。

（1）不可交互型虚拟数字人。它可以被理解为动画片或视频特效中的虚拟数字人，主要是通过手 K 动画、换头换脸等传统方式制作而成的，这样的虚拟数字人主要出现在图文或录制好的视频中，例如一些"网红"虚拟数字人。用这种方式制作出来的虚拟数字人画面质感较好，但成本极高，据柳夜熙官方宣传，其"1 秒动画制作成本 =1 克黄金的价格"。抛开一系列宣传及运营手段，从技术上讲，这与十几年前的动画技术在本质上没有区别，受篇幅限制，这里不对其做重点介绍。

（2）可交互型虚拟数字人。其按照驱动方式不同又可分为真人驱动型虚拟数字人和 AI 驱动型虚拟数字人。顾名思义，真人驱动型虚拟数字人需要有一个真人（中之人）在背后进行操控，虚拟数字人复刻他的动作和表情来实现动态交互，动作捕捉是其核心技术。AI 驱动型虚拟数字人可通过智能系统接收并解析输入信息，并通过智能算法生成相应的语音和动作，与用户互动，语义理解是其核心技术。下面将对各种类型的虚拟数字人的技术实现路径展开介绍。

2.3　真人驱动型虚拟数字人

真人驱动型虚拟数字人的主要原理是通过捕捉、采集，将真人的表情、动作呈现在虚拟数字人上，基于与用户的实时语音达成与用户的实时交互。其技术路径可以拆解为"建模—捕捉—渲染"三个步骤。

2.3.1 建模——外观呈现

制作虚拟数字人的第一步是建立虚拟形象。截至本书完稿时，市面上的虚拟数字人按照图形资源维度可以分为二维虚拟数字人和三维虚拟数字人。二维虚拟数字人需要由原画师进行形象设计，而三维虚拟数字人则更为复杂，涉及美术上的形象设计和技术上的三维建模，信息维度的增加意味着更大的计算量。虽然二维虚拟数字人有其稳定的受众群体，但三维虚拟数字人的应用范围更广，是行业的发展方向，因此本书着重介绍三维虚拟数字人所需的建模技术。

三维建模技术主要分为动态光场重建和静态扫描建模两类。

动态光场重建技术通过光场来记录空间中光线的全部振幅和相位信息，从而得到空间中目标的反射和阴影，如图 2-1 所示。这种方式可以忽略材质，直接采集三维空间的光线，相当于提供了更多的信息维度，在重建人物三维模型的同时还能实时获取动态人物数据。人体的动态三维重建一直是计算机视觉、计算机图形学等领域的研究重点。

静态扫描建模中最具代表性的就是相机阵列扫描重建技术，如图 2-2 所示。相机阵列扫描重建使用多个相机搭建相机阵列（如图 2-3 所示），从各个角度对目标人物进行扫描，获得标定、点云、网格、贴图等，然后进行模型重建，包括精修、拓扑、贴图制作等。

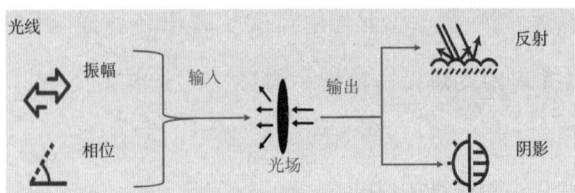

图 2-1 动态光场重建示意图

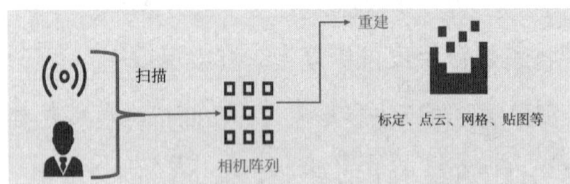

图 2-2 相机阵列扫描重建示意图

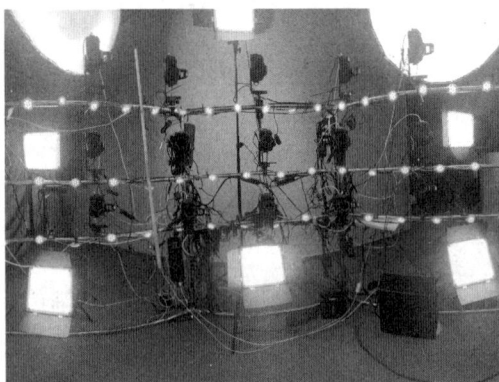

图 2-3 相机阵列

2.3.2 捕捉——动态呈现

动作捕捉（Motion Capture）是让虚拟数字人"动起来"的核心技术。通过捕捉来记录中之人（或演员）的面部表情及肢体动作并生成数据，将其迁移到计算机中的虚拟数字人模型上，能够使虚拟数字人拥有与真人一致的表情和动作，进而拥有表现力。按照数据获取方式的不同，动作捕捉技术可分为光学捕捉、惯性捕捉和摄像头捕捉三种。

其中，光学捕捉通过专门的摄像头对中之人身上粘贴的特定光点（Mark点）进行追踪来完成动作捕捉，如图 2-4 所示。每个光点对应人体的一个部位，在光点足够多且定位精度足够高的前提下，能够捕捉到中之人每个关节的移动，并且可以实现多个目标的同时捕捉。但光学捕捉对软硬件配置及使用环境的要求很严格，并且价格高昂。

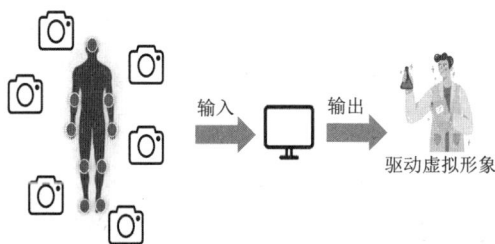

图 2-4　光学捕捉示意图

惯性捕捉通过加速度计、陀螺仪、磁力计等惯性传感器来跟踪中之人骨骼关节的运动。通过算法计算惯性测量单元（Inertial Measurement Unit，IMU）在中之人特定骨骼关节上的运动轨迹并将数据传输到虚拟数字人对应的骨骼上，如图 2-5 所示。惯性捕捉在一定程度上可以替代光学捕捉的效果，在操作上相对简便，仅需中之人穿戴全身动捕服。但是，惯性传感器对磁场十分敏感，因此抗干扰性较差，并且会随着使用时间的增加而累积误差。

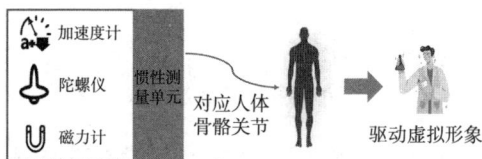

图 2-5　惯性捕捉示意图

以上两种均为传统动作捕捉方式，在操作上同样都需要事先搭建动捕棚，让中之人穿戴动捕服、头盔、手套等硬件设备，然后进行标定、校准等一系列步骤，实现起来较为烦琐。不过，近些年兴起的摄像头捕捉方式刚好能解决上述问题。摄像头捕捉基于计算机视觉、AI等底层技术来实现动作捕捉，易用性更强、成本更低，但技术成熟度不如前两种方式，精度尚难以得到保障。三种动作捕捉方式的性能对比，如表2-1及图2-6所示，摄像头捕捉是近些年主要的技术突破。

表2-1 三种动作捕捉方式的性能对比

方式	精度	环境复杂度	硬件成本	算法开发难度	抗遮挡性	代表产品
光学捕捉	高	高	高	中	中	OptiTrack、Motion Analysis、青瞳视觉等
惯性捕捉	中	中	中	低	高	Xsens、诺亦腾、幻境等
摄像头捕捉	中	低	低	高	低	微软kinect、小K、聚力维度等

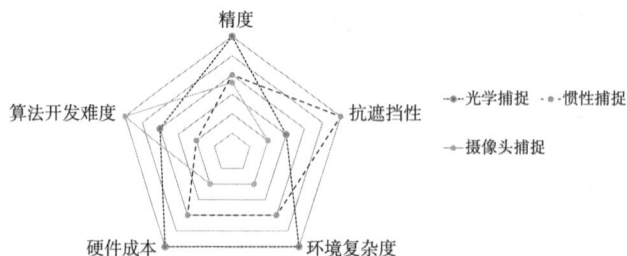

图2-6 三种动作捕捉方式的性能对比图

2.3.3 渲染——材质呈现

渲染是把模型在视点、光线、运动轨迹等因素作用下的视觉画面计算出来的过程。根据运行时间可分为实时渲染和离线渲染，两者的对比如表2-2

所示。实时渲染的本质是图像数据实时计算与输出,依赖于网络和服务器质量,与渲染设备的关系不大,每一帧都是针对当时的实际环境光源、相机位置和材质参数计算出来的图像,因此更适合游戏或其他对交互性要求高的场景。离线渲染技术得到的图像数据并不是实时计算、输出的,对渲染设备和软件架构极其依赖,渲染时间更长,但渲染质量更高,适合对精细度要求高的场景。

表 2-2　实时渲染和离线渲染的对比

对比维度	实时渲染	离线渲染
概念	图像数据实时计算与输出	图像数据延时计算与输出
特点	渲染快:每秒至少渲染 30 帧; 无法调配计算资源; 渲染质量不如离线渲染	渲染慢:数小时甚至更长时间渲染一帧; 可调配更多计算资源,计算量大; 渲染质量高
影响因素	网络和服务器质量	渲染设备和软件架构
应用引擎	UE 和 Unity 是国际上最为常见的引擎。 部分公司也会自研引擎用于渲染,常见于游戏公司,如完美世界等。自研引擎定制化程度高,但通用性受限	NxRender 等

PBR(Physically Based Rendering,基于物理的渲染)技术的进步是虚拟数字人逐渐向真人形象靠近的一大助力。该技术基于现实世界的成像规律并通过将其运用到虚拟世界中来模拟最真实的光照条件并进行渲染。在 PBR 技术出现之前,限于相关软硬件的发展,所有的 3D 渲染引擎均侧重于实现 3D 效果,在体验真实感方面不尽如人意。因此,之前不管是游戏还是电影中出现的虚拟数字人都充斥着"塑料感",其不同于人类皮肤质感的形象很容易出现"恐怖谷"效应。

不管是离线渲染还是实时渲染,都离不开 PBR 技术对虚拟数字人真实感的提升。PBR 的核心在于精细化了微表面模型和能量守恒计算,通过真实反映模型表面反射光线和折射光线的强弱，使渲染效果的塑料感问题得到解决。通俗来说，就是使虚拟数字人在虚拟世界也能拥有和现实世界一样的光照质感。截至本书完稿时，常见的几款 3D 引擎，如 Unreal Engine 4、Unity 3D 等，均具备各自的 PBR 技术实现。

2.3.4 技术突破——摄像头捕捉

真人驱动型虚拟数字人近年来主要的技术突破在于动作捕捉环节，尤其是基于 AI 算法的摄像头捕捉，大大降低了动作捕捉的技术门槛。然而，光学捕捉和惯性捕捉的标记点是有深度信息的，其对三维虚拟数字人的驱动很好理解，但在摄像头捕捉里，每个摄像头拍到的都是非深度二维信息，这如何能够驱动三维虚拟数字人呢？摄像头捕捉方式驱动下的虚拟数字人是否能够实现位移？

答案是肯定的。其中，AI 技术发挥了巨大功效，我们可以认为摄像头捕捉方式里的深度信息是靠 AI "算"出来的，其技术流程可以分解为"人体检测—3D 人体姿态估计—模型加速与压缩"。首先，从视频信息中确定人体的位置，生成边界框，再对人体的对应区域（如面部、手势等）进行切割，去掉多余的背景信息。然后，用 AI 算法从 RGB（红、绿、蓝）图像中对人体关键点的位置进行估计。最后，将数据迁移到对应的模型上并进行对应的加速与压缩，这一步将直接影响动态时延。而在这之前，需要对算法进行大量的训练，具体需要完成以下几项操作。

1. 采集数据

（1）人体面部数据采集。

需要考虑人脸画质的精细度、对海量微表情的高速捕捉、角度覆盖范围及对应的光照变化等因素，搭建高清人脸采集系统。该系统将包含几十至几百台单反相机及对应的人造光源辅助设备，可以实现对上千人、360 度视觉范围、光照多变、超精细度类别的微表情的捕捉，并可以同时对人脸的俯仰和摇摆所涉及的角度范围进行精确控制，保证数据的真实性与多样性。

（2）人体动作数据采集。

针对动作捕捉的数据采集，需要先行搭建一组传统的光学捕捉系统，其中包含多台高帧率空间追踪相机。在该系统的基础上，结合设计好的拍摄方案，可以对海量的人体动作进行采集，其中将涵盖定制或随机服装、固定或随机光照等。此外，针对多人的交互动作也需要做大量的采集。

2. 面部捕捉网络

微表情的分类越精细，采集的数据就越丰富，涵盖的范围也越广泛，最终的表情捕捉也会越加丰富多变，极具人性化特征。因此，面部捕捉网络的结构设计大多基于海量数据，采用端到端的黑箱式暴力训练方案，包括以下几个关键部分。

（1）通用特征提取（General Feature Extraction）：实现通用的空间位置编码，能顺利应对采集数据的复杂性、多样性，提取通用特征。

（2）身份提取（Identity Extraction）：在面部识别技术中尤为重要，因为它能识别并提取视觉上最显著的身份特征。这个过程是为了实现无差别的微表情捕捉，关键在于成功隔离出身份 ID 特征。通过这样的操作，面部捕捉网络能去除个体间的差异性，从而实现微表情的有效迁移。这一步对于确保微表情捕捉的准确性和普遍适用性至关重要，因为它允许面部捕捉网络从多样化的视觉数据中提取表情特征。

（3）表情提取（Expression Extraction）：人的表情具有丰富性、复杂性、动态性，因此对表情的捕捉成为面部捕捉的技术难点。对此，首先需要将人脸分为不同区域再提取特征，以确保细分区域的精确性；然后，因为不同区域间会产生组合，所以还需要充分考虑人脸的这些特性，以实现表情提取的全局丰富性和动态稳定性。

（4）表情优化（Expression Refine）：人的表情具有较强的个性化特征，如开怀大笑时不同人咧嘴的幅度不同。针对这种语义一致但动作幅度却因人而异的问题，也需要微调模块参与整个网络的训练。

（5）姿态提取（Pose Extraction）：人在做表情时，会带动头部姿势、朝向的变化，只有将面部表情和头部运动结合起来，表情才会更自然、更具表现力，该网络的任务是精确捕捉人类头部的运动，包括左右旋转、上下俯仰以及组合姿态。

3．动作捕捉网络

动作捕捉网络的关键部分如下。

（1）因为人体的上下肢有着不同的复杂度，所以需要对上下肢进行单独的特征提取并进行多尺度的融合。引入数据增强和时序训练机制，以完成对人体位置的精准检测，可以实现对全身位移与肢体动作的同时捕捉。

（2）人体骨架有着很好的结构先验特性，需要寻找适合的神经网络来匹配这一特性，从而准确无误地对清晰的语义动作进行捕捉，以降低神经网络的学习难度，进而很好地区分全身位移和肢体动作，最终在提升效果的同时加速神经网络的收敛。

（3）数据的丰富与否是神经网络能否在一般场景下泛化的关键，除了拍摄和人工合成的海量数据，还需要设计规则算法，做身材变换、服装变换、光照变换及像素上的多种增强组合，对数据做进一步的扩充。

（4）输入的数据量越大，越有利于提升神经网络的训练效果。因此，需要在只有图像输入的基础上，增加特征点、分割图、深度图及检测框，同时把分类和回归任务进行组合，以进一步提升动作捕捉的效果。

4. 网络模型加速

在实时驱动场景下，需要降低整体时延才能没有明显的延迟感。考虑到模型的复杂度、容量、所需算力、易用性、可移植性等，应该设计多种模型压缩和加速机制，主要包括以下几种。

（1）模型压缩：新颖的小而快的神经网络层出不穷，为了节省训练神经网络所需的算力，充分保证实时性，需要在深度和宽度两个维度上引入训练机制，在保证特征表示能力的同时节省算力，同时通过可视化网络改进策略。

（2）优化加速：针对神经网络模型中的表情优化和时空融合模块，应在反复训练和大量自动搜索后，完成对神经网络的细化。

（3）模型的大规模集群训练部署的优化：保证能对在线的多人进行并发实时处理。

5. 网络模型的健壮性

要想保证网络模型的健壮性，关键如下。

（1）因为每个人的表情幅度不一且场景不一，所以在数据采集的过程中，将在提前规定了上万个语义精确的表情及场景下获取数据。采集完数据后，将设计诸如模糊、遮挡、透视等大量的数据增强机制。同时借鉴生成网络，进一步生成更丰富的数据。

（2）为了保证模型具有充分的泛化能力，在设计分任务网络和分级网络的基础上，将采用分阶段训练和元学习微调的思想，使网络的表征能力更强。

2.4 AI 驱动型虚拟数字人

AI 驱动型虚拟数字人可以通过智能系统接收并解析输入信息,并根据解析结果生成相应的文本,然后通过智能算法生成相应的语音和动作,与用户产生互动。AI 驱动型虚拟数字人与真人驱动型虚拟数字人的区别主要在于驱动环节不同。

在 AI 驱动型虚拟数字人中,虚拟数字人的表达、表情、动作都是通过深度学习算法产生的。深度学习是其底层技术,能够让机器像人一样具有分析学习能力,学会识别文字、图像和声音等数据。如同训练所有智能交互系统一样,深度学习需要处理大量的数据样本。例如,AlphaGo 就是基于元认知模型建立的,其通过"深度学习"掌握围棋技巧,击败了当时人类顶尖的围棋高手。当虚拟数字人被赋予这种能力后,其可以代替真人完成在特定场景下的交互行为,最终形成企业级智能数字资产,这种可进化的智能将持续为企业创造更高的价值。为了使虚拟数字人的表情更加自然、更贴合真人的习惯,需要对表情等数据进行整合并让虚拟数字人分析、学习。在回答问题时,为了不让虚拟数字人的语气过于生硬,也需要让其对大量客服语音进行分析和学习,获得最接近人声表达的语气效果。

AI 驱动型虚拟数字人的最终呈现方式将受到语音合成、语音识别、自然语言处理、等多种技术的影响。其中,自然语言处理技术和深度学习模型是核心,自然语言处理可视为虚拟数字人的"大脑",将直接影响交互体验。

2.4.1 语音合成

语音合成(Text To Speech,TTS)的关键是看语音表述在韵律、情感、流畅度等方面是否符合真人的发声习惯。

语音合成将储存于计算机中的文本文件转换成自然语音并输出，类似于人类的嘴巴，通过特定的音色说出需要表达的内容。语音合成首先要对输入的文本进行断句、切分等处理，然后从语音库中提取并转化成对应的波形，最后在清晰度、自然度和连贯度等方面进行综合处理并输出语音。

语音合成的过程可以理解为"文本转语音"，在虚拟数字人的应用中，还需要更进一步的"语音转口型"，如图 2-7 所示。

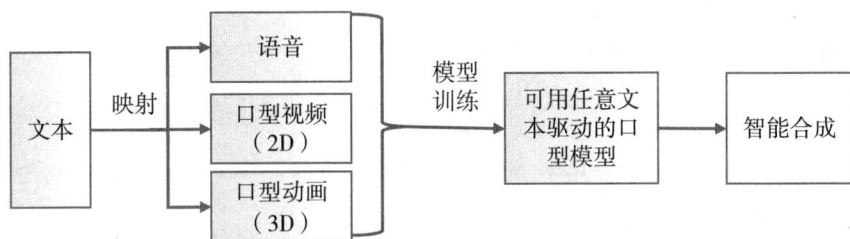

图 2-7　文本转口型过程示意图

首先，需要对模特说话时的口型、表情、面部肌肉变化细节、姿态等数据进行采集。

然后，运用深度学习技术学习模特的语音、口型、表情参数间的潜在映射关系，训练各种驱动模型。在这一步，二维虚拟数字人和三维虚拟数字人的技术路径还不一样，二维虚拟数字人需要的是像素表达，三维虚拟数字人需要的是 BlendShape 向量表达。

接下来，基于语音信息，结合上一步得到的驱动模型，推理得到虚拟数字人的逐帧图像信息，然后根据时间戳将语音与所对应的虚拟数字人图像进行结合。

最后，对面部数据进行渲染，通过模型智能合成虚拟数字人的口型。

2.4.2　语音识别

语音识别（Automatic Speech Recognition，ASR）的关键是能否准确识别使用者的需求。

语音识别也被称为自动语音识别，该技术通过将人类语言转换成机器可识别的语音（如二进制编码或字符序列）来完成语音识别。语音识别技术主要可分为"输入—编码—解码—输出"四个步骤。

首先，声音是一种波，就像我们常常用一段段波形来表示语音信号一样。在对语音信号进行处理后，便要按帧（毫秒级）拆分，并将拆分出的小段波形按照人耳特征变成多维向量信息。然后，将所得到的帧信息识别成对应的状态。最后，将这些组合的状态转化成音素，将音素组合成字词并连接成句，从而实现将语音转换成文字。

2.4.3　自然语言处理

自然语言处理（Natural Language Processing，NLP）的关键是看机器与使用者的语言交互是否顺畅，看机器是否能够理解使用者的需求。

自然语言处理是指利用人类交流所使用的自然语言与机器进行交互的技术。通过自然语言处理技术，计算机能够阅读并理解人类的自然语言。当虚拟数字人接收到用户的需求或问题时，首先需要对语句进行拆分，再根据词库进行分词处理，形成以最小词性为单位且富含语义的词项单元。截至本书完稿时，机器学习主要依靠自然语言处理技术理解语义，例如，将解释"自然语言处理"的文字输入 AI 系统后，系统通过语料处理、生成词云，可以显示出系统抓取到的关键信息。

自然语言处理的运用也涉及深度学习。包含了深度学习的自然语言处理系统在处理自然语言时需要有输入层、隐含层、输出层三部分，其中，输入层需要研究人员提供大量数据，是算法的处理对象；隐含层负责通过算法对数据进行特征标记、发现其中的规律、建立特征点间的联系；输出层则给出研究结果，一般来说输入层得到的数据越多，隐含层的层数越多，输出层给出的研究结果也就越好。

与语音识别技术相比，自然语言处理技术具有计算功能，能够让机器具备类人智力，实现人机交互。我们可以这样理解：语音识别的作用相当于人类的"耳"，让机器听到人的语言；自然语言处理相当于人类的"脑"，将人类的话语转换为结构化的、机器可以理解的语言。语音识别只是单纯地将输入计算机的语音通过计算机的转化处理以文字的形式输出，而自然语言处理还需要将输出的文字以指令的形式让计算机理解，进而给出符合用户需求的反馈。

2.4.4 预制知识库

预制知识库的主要功能是对专业问题进行回应。

受限于基础科学的发展，目前 AI 还无法对人类各式各样的问题应付自如。对于特定场景的虚拟数字人来说，预制知识库是有效的解决方案，相当于缩小了学习范围。预制知识库中通常包含某一具体领域的常见问题以及对应的专业知识。如同需要对人工客服进行培训一样，可与人类进行智能交互的虚拟数字人也需要对预制知识库中的各种信息进行学习，以便在面对用户时塑造出专业的、通人性的形象，这类虚拟数字人多用作 B 端的虚拟数字员工。

2.5 虚拟数字人技术的成就与不足

要想让虚拟人数字人像真人一样生动，满足人类生产内容的各种想象，就必须持续优化虚拟数字人的外观质感、认知准确性和动作灵活性，给用户带来更强的真实感和更好的体验。这需要多种技术的结合，同时依赖于这些技术本身的发展水平。然而，上述关键技术还不够成熟，所以在短期内，虚拟数字人还难以应付复杂的工作，呈现方式也较为单一。就本书所讨论的两种虚拟数字人而言，真人驱动型虚拟数字人的技术成熟度较高但仍有待提升，而 AI 驱动型虚拟数字人还处于初级阶段。

2.5.1 真人驱动型虚拟数字人的成就与不足

由于背后有真人进行操控，读取的是真人的动作和语音，因此真人驱动型虚拟数字人在动作灵活性、互动效果等方面有着明显的优势。这一技术路径也可以看作传统影视行业中 CG 技术的下沉。

在建模方面，相机阵列扫描重建技术在未来依然会是主流，在多相机阵列中各子相机之间的距离不同，当相机之间的距离非常小时，整个相机阵列可以看作一个单中心投影相机，斯坦福大学搭建了高性能相机阵列，如图 2-8 所示。利用相机阵列扫描重建技术可以实现毫秒级的高速拍照扫描，高精度的人脸 3D 建模系统可满足 20~140 台相机同步、快速拍摄与存储，由此获得的人脸模型可生动呈现皱纹、毛孔等细节。在获得模型的三维数据后，可进一步利用 Maya 等工具对其进行处理以生成 3D 动画，该拍照式人体扫描系统已经在电影、游戏、虚拟主播项目中成功应用。国际上，IR、Ten24 等公司已经将静态重建技术完全商业化，服务于好莱坞大型影视虚拟数字人的制作。

国内的人脸 3D 建模系统也可满足上百台相机的高精度同步、快速拍摄与存储。除扫描建模外，捏脸也是一种常见的建模方式。2021 年年初，Epic Games 发布了可生成高保真角色形象的工具 Metahuman Creator，基于预先制作的高品质模型，用户可以方便快捷地定制自己的虚拟数字人模型。该工具能让小团队和个人快速、低门槛地生成自己所需的角色，因此得到了较为广泛的应用。

图 2-8 斯坦福大学的相机列阵

但是，截至本书完稿时，上述系统依然存在尚未解决的问题——多相机的快门同步问题，只能通过"同步信号发生器"来实现多台相机之间的同步拍摄，不同相机曝光起始时间的偏差在 2 毫秒左右。此外，虚拟数字人建模，尤其是超写实虚拟数字人建模的生产过程的智能化水平较低，仍需大量人工，从而导致生产效率低且造价高昂。一个超写实虚拟数字人模型的建立需几十万元至上百万元不等，难以适应批量化制作的市场需求。

在捕捉方面，三种动作捕捉方式各有优劣，适用的场景也不同。光学捕捉技术的发展较为成熟，多见于院线电影、3A 游戏及对精度要求较高的舞台表演中；惯性捕捉近些年来较为普及，在一些影视或动漫作品中有较多应用；摄像头捕捉的门槛更低，并且技术仍在快速迭代，或成为 UGC 创作者进入虚拟数字人赛道的首选。

虚拟数字人表情的精细度和丰富度取决于其微表情的范围大小。现有技术为了达到好的效果，一方面通过最高级的采集设备来获取更加精细的数据，另一方面通过采集千万量级的人脸数据，并设计自动标注工具来保证数据的真实性和丰富度，把这些海量的、真实的数据提供给算法，从而不断地优化虚拟数字人的表情真实度。

随着计算机视觉和 AI 等技术的进一步发展，以及表情识别算法、动作识别算法的进步，摄像头捕捉结合 AI 算法能实现较为精准的驱动，显著降低了生成虚拟内容的门槛，使虚拟数字人走进千家万户成为可能。当然，这并不意味着光学捕捉和惯性捕捉将面临淘汰，对精度要求更高的应用场景对它们仍有需求。以虚拟偶像的演艺活动为例，光学捕捉不仅能够很好地展示虚拟偶像的形象，还能够实时驱动其表演。

在渲染方面，元宇宙强调虚实结合，只有当渲染速度、渲染真实度、渲染清晰度均得到大幅提升时，超写实虚拟数字人才能实现实时交互，最终快速扩大应用范围。近年来，实时渲染技术在游戏领域运用得比较成熟，游戏引擎一直推动着实时渲染技术的提升，比如游戏中的景深效果和雾化效果等都可以立刻被看到，很多网络直播也已经开始应用实时渲染技术。

截至 2023 年，实时渲染技术已经基本能做到以假乱真，且每秒至少渲染 30 帧画面，让观看过程不存在明显的卡顿与延迟。如果加入实时光照环境渲染，那么对算力来说将是一个不小的挑战。将虚拟数字人融入虚拟世界是元宇宙建设过程中的必经之路，而是否能够在实时交互的基础上同时兼顾虚拟数字人与环境建筑的 PBR 渲染，将是打破虚拟与现实界限的关键。

2.5.2 AI 驱动型虚拟数字人的成就与不足

AI 驱动型虚拟数字人的交互本质上依赖于深度学习技术，最终效果取决于语音识别、语音合成、自然语言处理等技术的共同发展。因此，AI 驱动型虚拟数字人得益于技术发展而取得了一定的成就，也受制于技术瓶颈而表现出一定的不足。截至 2023 年，已经成熟且投入应用的 AI 驱动型虚拟数字人，按功能划分主要有文本转口型类、语音转手语类及企业客服类。

1. 文本转口型类

文本转口型类虚拟数字人的技术原理，我们已在 2.4.1 节介绍过，此处不再赘述。

2. 语音转手语类

语音转手语类虚拟数字人首先需要解决的问题是"听得清"。基于成熟的语音识别技术，虚拟数字人能够听懂用户的话，甚至在中英文混杂、包含生僻字、方言表述等各种情况下也能够识别。在此基础上，研究人员利用手语翻译引擎，打造"自然手语—NLP 手语"翻译模型，生成近千万个"自然手语语料"句子作为训练数据。通过对高价值手语数据的反复学习，虚拟数字人可以实现兼具可懂性和准确度的翻译效果。运用人体动作的视觉识别技术，让机器通过视频学习手语，再由二维骨骼点转化驱动三维虚拟数字人的手语动作，进而实现 AIGC（AI-Generated Content，生成式 AI，即利用 AI 技术来生成内容）。

在北京冬奥会期间，北京市科委为了让超过 2700 万名听障人士更好地感受冬奥会的盛况，先驱性地采用了冬奥手语播报数字人系统。"冬奥手语播报数字人"正式投入使用后，不仅降低了冬奥会的运营成本，还增加了听障人士的体育赛事参与度，提升了听障群体的幸福感，如图 2-9 所示。

图 2-9 冬奥手语播报数字人

3. 企业客服类

基于深度学习、机器学习、计算机视觉、自然语言处理等先进技术，企业客服类虚拟数字人已经可以通过智能系统接收并解析输入信息，然后识别用户需求，再根据解析结果和智能算法驱动生成相应的语音和动作，与用户产生互动。

截至 2023 年，企业客服类虚拟数字人已集成了客服答疑和智能营销等多项功能。这些虚拟客服不仅有助于塑造公司的品牌形象，而且正逐渐成为人机交互的重要载体。然而，技术水平尚未足以使虚拟数字人完全自如地应对各种情况，目前还存在一些局限性。例如，虽然口型的智能合成技术已实现，使虚拟数字人能够根据输入文本产生符合口型变化的唇部动作，但其他身体部位的动作目前还不能智能生成，必须预先录制。

为了达到理想的自由交互效果，还需在多个方面取得突破。具体包括自然语言处理技术，以确保与用户的交流流畅且能理解用户需求；深度语义分析，以准确识别用户需求；智适应学习，通过科学诊断系统为用户提供合适的解决方案。只有这些技术领域都取得显著进步，才能实现更自然、更高效的虚拟客服体验。

截至本书完稿时，企业客服类虚拟数字人主要还是作为金融、电信、电商等领域的客服，虽然可以缩减企业成本、提高企业运营效率，有望成为人机交互产品的价值突破点，但已落地的案例仅存在于 B 端，与 C 端用户的交互依旧较为生硬。造成这种现象的主要原因是底层技术发展受限。基于深度学习技术的发展水平及算法现状，要想实现人类想象中的"让 AI 拥有和人类一样的思维模式，并为人类提供智能服务"，依然有很长的路要走。

打造虚拟数字人的技术成本和所需的使用成本对普通人而言是难以承受的，只有 B 端的企业有资本去做，而受限于商业模式的单一，虚拟偶像成了虚拟数字人技术的突破口。但即使是作为虚拟数字人技术最早落地、最具影响力的表现形式——虚拟偶像，其发展也在技术层面受到诸多限制。一方面，技术成本过高。据业内人士分析，一场超写实虚拟偶像直播活动的报价在 10 万元至 100 万元之间。另一方面，技术表现力不强。作为偶像刚需的表现形态（如位移、交互等）所需的关键技术难题尚未解决，画面不时出现抖动、穿模等现象，表现力难以与真人媲美。目前，这些问题在根本上制约了互联网向元宇宙的过渡。

2.6 虚拟数字人技术将走向何方

就虚拟数字人本体而言，它的进一步发展有赖于各项技术的全面提升，主要的趋势表现为以下几个方面。

- 类人化：高度拟人，包括外形和能力两个方面。在外形层面，超写实虚拟数字人是主流，仍有望进一步突破以接近真人；在能力方面，满足对人类所能创造内容的所有想象，并提供与真人交流般的自然体验。

- 智能化：建模和交互这两个模块的智能化水平亟须进一步提升，释放 AI 的生产力，建模环节需降本增效以适应批量化制作的市场需求，交互环节要具备智能响应与多轮对话的功能，提升虚拟数字人的服务能力。

- 便捷化：优化制作流程以降低用户的使用成本，创造出能够同步获取语音、表情、动作等所有数据的，更加一体化、自动化的设备及算法，为 B 端和 C 端用户提供能低成本、高效率制作虚拟数字人的工具，并加速推广应用。

虚拟数字人之所以会被元宇宙概念带火，是因为其被认为是人类进入元宇宙的身份象征，是元宇宙的刚需。可以肯定的是，虚拟数字人的发展方向一定是面向元宇宙的。虚拟数字人作为连接现实世界与虚拟世界的重要纽带，有望成为元宇宙产业链版图中最先快速发展并规模创收的产业。而在此之前，需要为其创造一个可以良性发展的生态，不能把它视为一个独立的产品或技术链条，而应该将其放在元宇宙的生态中综合考虑。除了对虚拟数字人关键技术的升级迭代，还要将其与其他技术链条打通，换言之，虚拟数字人作为新兴媒介载体的进一步应用需要依赖其他技术的共同进步，主流趋势包括以下几个方面。

2.6.1 编码世界——搭建虚拟数字人的生存空间

虚拟数字人可能会成为未来人类交流的媒介或载体，而不仅是现有视频软件的衍生品。届时，人们所关注的将不再是现实世界中的问题，而是虚拟世界中的问题。以近年来发展最为成熟、影响力最大的虚拟数字人应用——虚拟偶像为例，市面上虚拟偶像的应用场景已十分丰富，如举办演唱会（见

图 2-10），但其表现形式依然十分单一，难以释放出超越真人偶像的表现力，更像把虚拟偶像拉到现实世界来"卖艺"。离开了虚拟世界的虚拟数字人，其魅力会大打折扣，而要想把用户或观众带入虚拟数字人所在的虚拟世界，以目前的技术水平还无法很好地实现。

图 2-10　虚拟偶像演唱会的模拟图

三维的虚拟空间是在元宇宙中组织活动的基础，近年来呼声较高的元宇宙场景，如虚拟会议室、虚拟演唱会、虚拟健身房等，都需要有三维的虚拟空间作为应用载体，搭配对应的三维模型来进行呈现与交互。3D 游戏是截至本书完稿时最接近元宇宙设定的应用，各种脑洞大开的游戏玩法与世界观设定成为吸引用户的最大原因，而其中的虚拟场景最能凸显不同的世界风格，是奠定整个游戏的世界观最重要的表现，如电影《阿凡达》《头号玩家》中的设定，以及各种单机游戏对于虚拟世界的构造。只有将虚拟世界的场景做到以假乱真的程度，才能使用户流连忘返。当然，这依赖于建模及编码能力，这两种能力是为虚拟数字人搭建生存空间的基础。

以演唱会场景为例，元宇宙能给人带来前所未有的音乐体验。《堡垒之夜》和 Roblox 的现场演唱会已经吸引了数以千万计的玩家，但这仅仅是一个雏形。

如果未来可以通过编码从现实世界接入虚拟世界，对现实中的物体进行数字化并接入元宇宙，则将颠覆人类与环境的对应关系和交互方式，重塑人类在虚拟世界中的感官体验，甚至可以在虚拟世界和现实世界间自由切换。元宇宙将拥有一个全新的交互社区和增强体验场景，虚拟演唱会不仅是现场演唱会的替代，还能打破真实的时空局限，利用数字技术为听众带来远超现场演唱会的、丰富的视觉效果和氛围。

此外，虚拟数字人在虚拟世界中的表现力也十分重要，这是用户能否在虚拟世界的交互体验中有沉浸感的关键。这需要基于现实世界里的位置和空间关系，在虚拟世界中对现有场景进行有机组合，最终实现对虚拟世界的真实呈现，让虚拟数字人可以在虚拟世界中做设定范围内的任何事，从而获得更加真实、沉浸的参与体验。

截至本书完稿时，国内已经有部分公司关注到虚拟数字人与虚拟世界的对应关系，并提出了一些产品概念及产品原型。例如，魔珐科技的定位是建设元宇宙的基础设施，认为虚拟数字人是用户进入虚拟世界的身份标识，将其归为基础设施的一部分；聚力维度上线了基于虚拟数字人和三维场景的虚拟世界直播平台，将虚拟数字人融入虚拟世界的场景，支持并发接入用户，营造媲美现实世界的体验感及超越现实世界的视觉效果，用户可以在平台中驱动一个超写实虚拟数字人完成在现实世界中不可能完成的任务，如在火山和月球上进行虚拟直播。

这些在现有技术水平下实现的应用为元宇宙落地做出了积极的尝试，也为数字化内容创作提出了新的可能。而在未来，更多的功能将呼之欲出，例如，人物的位置调整（拖动、缩放、旋转等）、灯光调节（明暗、位置、角度等）、镜头设定（摄影机的多机位调整）、摄影机调整（角度、位置、焦距、光圈等）、渲染框参数选择（帧率、横竖屏、画面裁切等）、时间轴剪辑（支持多轨道剪辑功能，可以实时采集演员的表情和动作数据，直接驱动虚拟数字人与演员同步运动，实时输出画面）。

2.6.2 云计算——破解虚拟数字人的算力难题

从虚拟数字人的制作流程来看，最为核心且最具挑战性的便是建模、捕捉、渲染三个模块。在这三个模块中，无论是超写实的人物模型，还是 AI 算法实时驱动的模型，均增加了对渲染环节算力的要求。而在未来，制作高沉浸、低时延的元宇宙虚拟数字人需要取得两个重要突破——高精度模型的实时渲染和高并发用户的实时交互，二者均对算力提出了更高的挑战，下面进行简单介绍。

- 高精度模型的实时渲染：随着人们对沉浸感和真实性的不断追求，对于虚拟数字人场景渲染精度的要求也会逐渐提高，而满足这样的要求需要更加强大的算力的支持。举个例子，在诸如《复仇者联盟》这样的优质 CG 电影中，渲染一帧高质量画面将耗费数十小时，而如果要让科幻电影中的场景在元宇宙中实现并保持极高的渲染精度与速度，也需要有极大的算力支撑。

- 高并发用户的实时交互：元宇宙具备强社交属性，而社交意味着多人互动，参与其中的高并发用户要想实时交互，就要保证渲染环境有极大的算力支持。正如电脑的配置一样，只有处理速度更快的设备才能支撑更多的玩家在复杂场景中交互。

云计算有望破解高成本、低效率、无法计算等普遍算力难题，降低虚拟数字人的使用门槛。在硬件配置方面，云端可以提供更多的增值网络，例如，可以使用更多配置更好的 GPU 进行渲染，而不需要更换硬件设备；利用云计算可以在云端共享超大规模的数据库，不用担心本地硬盘容量不够等；对开发者来说，可以轻松实现多人互动和大规模联网，不需要担心外挂程序和破解问题，也不用担心客户端在各种硬件和系统下的兼容性问题。另外，如果接入更多的 AI 能力，就意味着更大的算力，这也是要让系统在云端常驻的原因。

以实时云渲染为例，渲染是在制作虚拟数字人的流程中离用户最近的环节，虚拟数字人是否逼真、生动，体验过程是否流畅、自然，是用户对虚拟数字人的直观感受。实时云渲染技术从本质上理解，就是将本应在本地硬件上完成的渲染工作交由云端服务器完成，并对渲染完成的音频流、视频流进行压缩，再通过网络传输至客户端，客户端设备通过解码显示渲染结果，同时将新的用户操作指令传输回云端服务器，最终实现用户和虚拟世界的实时交互。

在没有实时云渲染之前，虚拟数字人的渲染是借助电脑本身的 GPU 完成的，而云渲染则将电脑本身需要的 GPU 换成了服务器的 GPU，而服务器和电脑相比，在 GPU 的性能方面会更好一些，可以更好地对硬件进行增加或替换。这种进步得益于云计算的发展，是硬件的基础进步带来的改变。

除了实时云渲染，要想在元宇宙中实现实时交互效果，还需要基于像素流推送，即将客户端指令快速传到云端服务器，并且执行该指令，执行完成以后，再将执行结果以视频流的方式传到客户端界面解码和显示。这整个过程的延时必须非常短，才能让用户感觉是在操作自己电脑上的程序，不会有卡顿的感觉。尤其是云游戏这类交互性比较强的程序，如果延时过长，就会出现程序响应速度很慢的问题，这样的实时云渲染就会变得毫无意义。与传统的游戏模式相比，云游戏能在很大程度上降低玩家玩游戏的设备成本。对许多需要长期更新的高品质游戏而言，云游戏也能降低游戏厂商发行与维护游戏的成本。

以算法为核心的虚拟数字人的实时捕捉对算力的要求很高，目前市面上的各种摄像头捕捉方式的最低需求也得是能配备万元级别的针对游戏的笔记本电脑，这样才可以较为流畅地进行动作捕捉。与云游戏一样，实时云渲染将捕捉、渲染搬到云端服务器中进行，只需要对生成的音频流、视频流进行解码便可以得到流畅的虚拟数字人呈现画面，这样可以降低客户端访问设备的门槛，解决在广泛应用场景下"轻终端"算力不足的问题。

虽然实时云渲染技术仍然存在诸多问题，但它能够突破算力瓶颈，为性能不足的终端提供跨入元宇宙的强大算力，因此将成为元宇宙基础设施的重要组成部分。在未来，不论是娱乐场景还是商业场景，将核心环节搬运到云端服务器中完成，减轻硬件负担，都将是元宇宙落地的必经之路。

2.6.3 XR——实现虚拟数字人的交互拓展

在互联网时代，无论是在电脑端还是在手机端，无论是游戏场景还是社交场景，虽然用户可以拥有对应的虚拟形象作为进入元宇宙的身份象征，但人与虚拟形象的连接仍然隔着手中的电子屏幕，沉浸感、交互性和想象空间都远远不及 XR（Extended Reality，扩展现实），如图 2-11 所示。

XR 技术是 VR（虚拟现实）、AR（增强现实）、MR（混合现实）等各种概念的统称，被视为未来交互的终极形态，将虚拟世界与现实世界以多种组合方式进行融合，它将改变许多行业的格局，并将改变我们工作、学习和社交的方式。

图 2-11　XR 带来的沉浸感、交互性和想象空间

虚拟世界与 XR 技术有天然的结合点，当前，元宇宙与现实世界连接的切入点是通过虚拟体验 XR 技术及设备的持续迭代来不断优化用户的数字化生活体验。XR 包含近眼显示、感知交互、网络传输、渲染计算及云内容制作与分发这五大关键技术。其中，感知交互和云内容制作与分发同虚拟数字人的结合最为紧密。

首先，在感知交互方面，以虚拟分身为例，无论是社交、工作还是游戏场景，只要涉及虚拟分身，就均需要高质量的虚拟数字人作为基本的交互单元。人类要想在虚拟世界中控制好自己的虚拟分身，就要实时获知虚拟世界的所有对象及其对应的位移变化，如其他虚拟数字人的位置和动作、游戏的对象、环境的机关、道具的使用等，而这些是无法用鼠标、键盘、二维屏幕准确获悉的，只有使用 XR 设备才能实现交互的灵活性和自由性。

同时，这也对动作捕捉技术提出了新的挑战。当使用者佩戴 VR 头盔时，头盔对人脸的遮挡无法避免，要保证此场景下的表情捕捉精度就需要进一步研究。研究的关键主要包括对头盔遮挡部分的数据的进一步采集，以及对"头盔＋外接摄像头"的硬件优化设计，以降低使用成本，提高在头盔遮挡下对人脸上半部分表情的捕捉精度。

其次，在内容制作与分发方面，以虚拟内容制作为例，当前虚拟数字人多以正面半身呈现，表现形式单一，要想得到优质的虚拟内容需要优化制作流程、提升制作效果。通过使用 AR 和 VR 技术，对镜头和摄像机的运动进行追踪，可以达到影视剧级别的虚拟拍摄水平。例如，在 2021 年的央视春晚中，节目《牛起来》使用 VR 直播，通过实时抠像与渲染合成、实时跟踪与空间计算等技术，将远在香港的演员的虚拟形象呈现在直播现场，为观众带来了很特别的观看体验。这种方式如果能应用到虚拟数字人相关内容的制作上，将大幅提升虚拟内容的产出质量。

在构筑元宇宙的过程中，如果能通过 XR 技术创造一个虚拟和现实完全交融的世界，再以虚拟数字人为载体，就可以使每个人都拥有独立的立体化模拟形象。在社交和娱乐中，拥有代表自身形象的虚拟数字人是大多数人的需求，它将彻底颠覆人机交互方式，围绕各类场景不断渗透，为颠覆性、沉浸式的元宇宙数字生活体验带来突破。一旦虚拟数字人能够在 XR 技术所构筑的虚拟世界扎根，我们便将打破屏幕壁垒，带着自己独一无二的三维虚拟数字人形象在元宇宙中畅玩。那时，最新的虚拟数字人技术将带给我们最真实的交互体验，虚拟数字人也将充当虚拟世界中引路人、客服的角色，无数元宇宙玩家的相互碰撞、融合，将创造出一个巨大的内容生态和发展空间。

2.7 虚拟数字人技术发展

虚拟数字人满足了数字时代人们对未来科技的新奇幻想，并激发了新的消费需求。一方面，用多种技术手段建构的虚拟数字人可以拥有更多元的才艺，开展更多样的活动，轻松实现"跨界"，在更多领域展示出可塑性，创造更新奇的视觉体验。另一方面，虚拟数字人被视为人类进入元宇宙的身份象征，在元宇宙概念的推动下全面开花。随着新闻传播及资本运营，人们对虚拟数字人产生了过高的期待。

从基础层、平台层到应用层，虽然已有众多新兴的科技公司加入了虚拟数字人赛道，但是其分布过于零散，无法形成统一的生产链条。虚拟数字人行业的创新主体多为中小型初创企业，所采用的技术研发路线较为分散，并且仍然处于各自发展、单打独斗的状态。单一企业难以解决共性技术难题，需要整个产业联合攻关。对于虚拟数字人市场存在的创新主体合作缺失的问题，可以通过统一技术标准、鼓励产学研合作和纵向关联企业协同发展的方式，激励创新主体打破人、财、物、信息和组织之间的边界，通过有序分工、协同创新，实现资源的有效整合与配置。

除了虚拟数字人产品本身，虚拟数字人的生存环境、运行方式与交互方式也值得关注，这有赖于其他技术的共同进步。整个虚拟数字人行业的生态需要不断完善，产业机制也需要继续调整。

虚拟数字人的未来仍值得期待，技术对虚拟数字人的塑造还在持续进行，表现出类人化、智能化、便捷化的趋势。随着建模、捕捉、渲染等关键技术的进一步升级，以及5G、XR、云计算、云引擎等的共同进步，打造虚拟数字人的成本会越来越低，虚拟数字人的生存空间也将逐渐扩展。在横向上，虚拟数字人产业不断发展；在纵向上，虚拟数字人和各行各业的融合也会加深，虚拟数字人的变现渠道会更多，能力也会逐渐增强。随着现实世界与虚拟世界的逐渐融合，B端将重构和改变受众体验、业务流程和商业模式，C端将碰撞出巨大的内容生态和发展空间。相信随着元宇宙生态的逐步完善，各种技术将更快地涌入元宇宙，虚拟数字人作为其中必不可少的一环，其应用场景、应用环境也将变得更加丰富。

—第 3 章—
虚拟数字人的现状与"前景"

3.1 虚拟数字人产业现状

虚拟数字人的外表和互动逻辑能够被"设定",这使虚拟数字人在一定程度上拥有了承载企业品牌形象的能力,具备商业化潜力。另外,真人明星可能会出现道德失范事件,这使受众和企业更愿意把情感和品牌形象寄托在相对"安全"的虚拟数字人上,加速了虚拟数字人市场潜力的释放。整体而言,虚拟数字人的市场规模较大,未来有进一步扩展的趋势。

3.1.1 虚拟数字人的"蛋糕"有多大?

在政策红利的支持和技术的推动下,中国虚拟数字人市场的主体——企业——数量增速较快,企业融资进入"加速期"。天眼查数据显示:2022 年虚拟数字人行业发展迅速,我国虚拟数字人相关企业达 58.7 万余家。其中,广东、山东和江苏三省的相关企业数量位列全国前三,广东排名第一,拥有超过 3.3 万家相关企业,中国虚拟数字人产业已进入爆发期。2016 年至 2020 年,国内相关企业的复合增长率接近 60%。统计数字显示,截至 2022 年 1 月,63.96%的虚拟数字人相关企业是在近一年内成立的。在企业融资方面,在"元宇宙"

概念的加持下，虚拟数字人已成为资本市场的"宠儿"。2021 年，相关企业融资 2843 起，融资金额达 2540 亿元，红杉资本、IDG 等一线基金皆着手布局虚拟数字人领域。在头部企业争相布局和中小企业不断入局的背景下，虚拟数字人市场将持续扩容。

由于高曝光率和广阔的市场需求，虚拟数字人市场的热点聚焦于服务型虚拟数字人中的虚拟主播和身份型虚拟数字人中的虚拟偶像。

通过技术驱动，虚拟主播和虚拟偶像能够全方位地嵌入消费者的日常生活，与消费者进行持续性交互，在一定程度上有利于品牌方掌握传播的直接控制权[1]。其中，自带 IP 属性和内容异质化的虚拟主播能代替真人进行直播带货、新闻主持等活动，在如今内容同质化严重的真人主播市场中拥有独特的优势。根据哔哩哔哩平台发布的数据，从 2020 年 1 月到 2021 年 11 月，哔哩哔哩平台虚拟主播的营收增长了 4238 万元，增长超过了 5 倍。

此外，虚拟偶像凭借其完美"人设"和与粉丝实时互动产生的情感共鸣，深受粉丝和广告主的欢迎，已深入游戏、影视、综艺和文化等领域。如图 3-1 所示，2021 年，虚拟偶像带动市场规模达 1074.9 亿元，同比增长 79.6%。

图 3-1　2017—2023 年中国虚拟偶像核心市场和带动市场规模及预测

---

[1]　出自《品牌竞合中虚拟影响者代言的传播逻辑》，作者王佳炜、陈红。

3.1.2 虚拟数字人产业链图谱

虚拟数字人作为智能时代独特的媒介，既具有技术属性，又因其复制人体生理和行为的数据而具有社会属性。虚拟数字人在三维建模、语音交互、情感计算、动作捕捉等技术的基础上形成，具有人的外观形象、行为和语言互动方式。虚拟数字人产业链可以大致划分为应用层、平台层和基础层，其关系如图 3-2 所示。

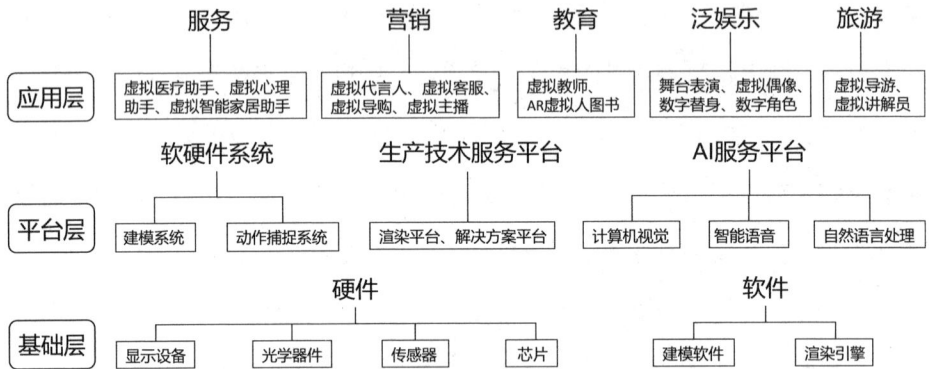

图 3-2　虚拟数字人产业链示意图

基础层是支撑虚拟数字人发展的软硬件基石。其中，硬件主要包括显示设备、光学器件、传感器和芯片，软件包括建模软件、渲染引擎等。截至本书完稿时，聚焦于显示设备领域的企业较多，且呈现 2D 研发企业向 3D 研发进军的趋势。基础层的代表厂商包括以渲染技术见长的 Unreal 和 Unity，以及主打建模技术的 Autodesk Maya 2022。整体而言，位于基础层的厂商早已进入该领域布局，为潜在竞争者设置了较高的技术门槛。

平台层在虚拟数字人产业链中起到承上启下的作用。平台层的厂商基于基础层的底层技术和自身技术，为应用层的企业提供虚拟数字人的解决方案。平台层包括软硬件系统（用于动作捕捉与建模）、生产技术服务平台、AI 服务平台三部分。平台层厂商的类别主要有垂直虚拟数字人厂商、互联网技术厂商、专长类 AI 厂商、CG 厂商和 XR 厂商。

科技为用户提供由虚拟内容生成的定制化服务。而专长类 AI 厂商代表科大讯飞利用自有语音合成、人脸建模、形象驱动等 AI 技术，推出了"A.I. 虚拟主播系统"，实现了文本、视频等内容生产自动化，且支持多语言、可变换姿态和造型设计等功能。总体来看，平台层的企业较多。平台层具有一定的技术壁垒，提供的产品和服务具备较高的附加值，且经营特性和重点业务领域与互联网技术厂商的共性较大，因此成为众多互联网技术厂商"跨界"进入虚拟数字人行业的首选方向。

虚拟数字人作为一种新的传播媒介，一方面，凭借低风险、强可控性和强情感关联的优势，成为部分品牌与消费者进行沟通的重要情感纽带；另一方面，在许多数据采集企业使用人工智能技术获取消费者留下的数据[①]的当下，它的相关技术能够帮助企业进一步完善预测模型，助力企业提质增效。虚拟数字人技术可以被应用于实际场景，形成不同行业的应用解决方案，从而进入应用层。

截至本书完稿时，虚拟数字人的应用已经拓展到影视、传媒、游戏、金融、文旅等领域，出现了娱乐型、教育型、服务型数字人，大型影视公司（如爱奇艺）、游戏公司（如腾讯、网易）、传媒公司及新闻出版机构（如新华社、人民日报）是主要的参与者。虚拟数字人产业应用层的技术门槛低、变现方式多元，汇聚了来自不同行业、主打不同业务的厂商。随着虚拟数字人应用场景的不断拓展和数智技术的发展，作为新型数字媒介的虚拟数字人，不仅可以创造商业价值，也将带来深度媒介化变革。

---

① 出自 "Virtually human: the promise-and the peril-of digital immortality"，作者 Ortiz-Tapia A。

3.1.3　虚拟数字人行业的"前世今生"

虚拟数字人产业的发展，是从 B 端（企业）向 C 端（用户）渗透的过程。一方面，B 端可以利用虚拟数字人技术，例如虚拟偶像、虚拟助手等，促进降本提效、推动品牌传播、提升用户对品牌的喜爱度；另一方面，虚拟数字人所具备的互动性和社交属性，使 C 端可以在沉浸式的交互中，享受虚拟与现实融合的非凡体验。整体来看，虚拟数字人产业的发展阶段可以划分为发展初期、培育期、发展期和成熟期。

在虚拟数字人发展初期，制造成本高昂、技术手段不成熟；另外，"元宇宙"概念尚未兴起，C 端对虚拟数字人的接受程度低、需求有限，因此，虚拟数字人的应用和前期教育只能始于 B 端。而在培育期、发展期和成熟期，虚拟数字人的应用领域和技术迭代都有了不同的特征。

培育期：B 端进行探索与 C 端接受教育。除了元宇宙概念的加持，虚拟数字人行业的发展还依靠技术驱动和需求牵引。在技术层面上，在行业发展初期，虚拟现实建模、高精度渲染等技术尚不完善，虚拟数字人制作的自动化水平和效率有待提升，难以满足 C 端对"虚拟分身"的定制化需求。在需求层面上，当 C 端的需求不够旺盛时，可能会导致 B 端面临亏损、竞争压力增大等问题。因此，在虚拟数字人行业的培育期，B 端需要对 C 端进行教育，利用虚拟数字人技术提升数字内容的生产效率和质量，拉近 B 端和 C 端的距离，重新定义粉丝经济。培育期是虚拟数字人与现实接轨的第一步，也是目前虚拟数字人行业所处的阶段。

发展期：B 端成熟与 C 端渗透。在此阶段，虚拟数字人将为 B 端数字化提供更广阔的应用前景，同时，虚拟数字人的设计和创作将出现从 PGC 向 UGC 转型的趋势。1994 年，《欧洲与全球信息社会报告》称技术是革命性的，新技术对个人的赋权增加了个人通过网络对外传播的机会①，使 C 端在虚拟数字人的发展进程中从被动走向主动，实现了与品牌的内容共创。

诚然，虚拟数字人在 C 端的渗透，离不开 B 端的发展。B 端利用虚拟数字人进行品牌推广、代言、IP 联动和宣传合作等活动，在沉淀品牌心智的同时，也强化了虚拟数字人 IP 与用户的联动，使 C 端愿意为游戏、演唱会、周边等产品"买单"。例如，小米公司与"初音未来"联名的限量套装，获得了二次元群体的追捧，在哔哩哔哩平台上的应援次数超百万。另外，根据爱奇艺发布的《2019 虚拟偶像观察报告》，"95 后"到"05 后"的"二次元"用户渗透率达 64%。随着技术发展，"Z 世代"的新消费市场将成为虚拟数字人技术应用的蓝海。

成熟期：C 端应用成熟。随着 B 端、C 端应用的不断深化发展，虚拟数字人行业将出现大量衍生品，形成以 NFT 为代表的数字资产，并确立新的经济体系。一方面，NFT 产品的可验证性、不可篡改、有效性、执行透明性，保证了产品的稀缺性，具有增值的潜力。另一方面，对于用户来说，可以永久性地拥有 NFT 的版权，并且自行处置自己的 NFT，也可以将 NFT 作为资产在去中心化的市场中进行抵押，甚至匿名处理，最大限度地保障了用户的隐私。

在 C 端对虚拟产品的接受度进一步提升和粉丝经济助燃的基础上，不可复制的数字资产将作为"身份象征"，成为普罗大众在虚拟空间表达个性、展示自我、追逐潮流的方式，为网络社交打开新天地。但值得注意的是，虚拟数字人经济的发展，可能伴随版权纠纷、用户盲目投资、网络安全、欺诈等风险。对此，国家需要出台政策，建立相关主体的信任制度，构建国家权威

---

① 出自《互联网内容走向何方？——从 UGC、PGC 到业余的专业化》，作者胡泳、张月朦.

性认证平台[①]。

3.1.4　中外虚拟数字人有何不同？

近年来，虚拟数字人竞争格局变化迅速。由于虚拟数字人应用层厂商及互联网技术厂商的不断涌入，相关企业数量快速增长。从技术背景来看，不同的企业具备不同的优势，主要可分为两类，一类是以人工智能技术"起家"的企业，凭借语音合成、自然语言处理、语音识别等感知类技术的优势，进入虚拟数字人生成这一细分领域。例如，清博智能科技公司利用语音交互、图像处理等技术，提供 AI 虚拟主播解决方案（如图 3-3 所示）。在 2022 年全国两会期间，真人王冠与 AI 超仿真主播王冠同屏于《"冠"察两会》，用全新的方式带给观众惊喜。节目中，"AI 王冠"作为控场主持人，连线财经评论员王冠，不仅表达清晰、手势自如，与真人王冠配合十分默契，保证了节目节奏的平稳，还向观众传递了很多重要信息。另一类是掌握 CG 核心技术的企业，能够满足对虚拟数字人的逼真度、细节感要求更高的客户。例如，拟仁智能将 CG 技术与 AI 结合，推出了以真实感高和多模态融合为优势的 AI 虚拟数字人解决方案。

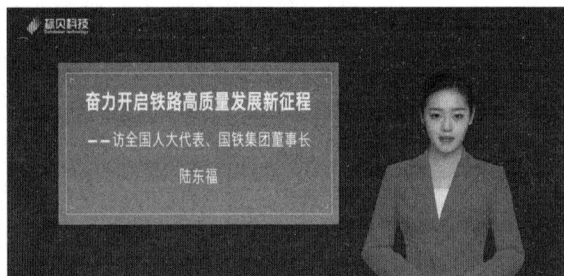

图 3-3　标贝科技"AI 虚拟主播解决方案"介绍示意图

---

① 出自《自由与秩序：元宇宙准入的价值选择与身份认证的元规则》，作者李慧敏。

在国内外，虚拟数字人行业的集中度都比较高，头部企业影响力大。受综合技术水平和应用能力的限制，行业内中小企业的话语权有限，竞争格局尚未成熟。从细分市场上看，虚拟内容生成和虚拟偶像是集中度较高且发展较快的重点市场。虚拟内容服务能够为企业的品牌宣传、企业营销和线下互动等全时全域营销提供解决方案，包括虚拟图片/KV、虚拟长/短视频、虚拟数字人互动视频、虚拟直播和线下互动等服务形式，助力企业元宇宙化。

目前，国外的 UneeQ、Soull—Machines、Samsung Neon，以及国内的相芯科技、科大讯飞是虚拟内容生成领域的代表企业；而国外的 DataGrid、ObEN，以及国内的青瞳视觉、世优科技是虚拟偶像领域的代表企业。

未来，虚拟数字人行业将持续变化，行业集中度或将呈现下降趋势。在高集中度的行业中，企业所能利用的人力、资本等资源会受竞争关系影响，技术多元化战略易分散企业的有效资源[①]。虚拟数字人产业的集中度虽高，但渲染引擎、动作捕捉、表情捕捉等技术组合的发展，将对头部企业的技术优势造成威胁，而缺乏技术深度的产品同样有被新产品模仿，甚至替代的风险。

无论是在国内还是在国外，互联网、金融、零售业、教育等领域中皆有巨头企业入局虚拟数字人行业。综合对比国内外代表企业及其产品可以发现，各国的发展趋势呈现出差异化走向，侧重点各有不同。国内外虚拟数字人产业的差异主要体现在技术、应用领域和商业化层面。

在技术层面上，国外由于起步早，技术的综合实力强。美国的 CG、驱动等技术全球领先，能够打造出高逼真度的虚拟数字人。在 GTC 2021 技术大会上，英伟达创始人黄仁勋发表主旨演讲，为了展示 3D 仿真模拟平台的技术，演讲中有 14 秒由"虚拟黄仁勋"代为演讲。除了英伟达，美国虚拟

---

① 出自《技术多元化、行业集中度与企业绩效波动》，作者夏芸、熊泽胥。

数字人技术层面的代表企业还有 Epic Games 和 Unity。此外，欧美企业所呈现的驱动效果更优，能够还原人类肌肉和骨骼的细节。

在应用领域层面上，亚太地区的企业主要侧重 B 端的专业服务领域，而欧美地区的虚拟数字人应用更加多元。随着我国直播和电商等新业态蓬勃发展，我国的虚拟数字人产品主要落地于直播、虚拟客服等场景，为 B 端客户提供满足 C 端用户需求的智能化服务。在日本，二次元文化的盛行提供了适合虚拟数字人发展的文化和技术土壤，世界上第一位虚拟歌姬便是来自日本的林明美。韩国泛娱乐市场的高度发展，助推了虚拟女团、虚拟娱乐平台的推出和应用。受关怀陪伴文化的影响，欧洲企业正重点发展能够提供情感价值的助手型虚拟数字人，它们未来将被应用于医疗、电商等领域。

在商业化层面上，国外企业更注重虚拟数字人的长期发展价值，应用场景更加丰富。例如，除了娱乐领域，日本已经将虚拟数字人应用于社会、教育和健康等行业中。而中国的相关企业大多聚焦于直播、客服等具有短期流量红利的赛道，商业化场景比较单一。另外，国内外企业的虚拟数字人应用领域对投资回报的年限要求也不同。国外企业的虚拟数字人生产偏向标准化，让 C 端也可以"制作"虚拟数字人。美国游戏制作团队 Epic Games 推出的 MetaHuman Creator 能帮助用户在一小时内利用制作团队预设的发型、肤色等，创建出属于自己的视频游戏角色，即使"零基础"也能"捏人"成功。此外，国外企业制作虚拟数字人的审美标准多元，面部雀斑、小瑕疵等都被视为个性化特征，如图 3-4 所示。

图 3-4　Lil Miquela 在 Meta 平台上的照片

国内虚拟数字人产业尽管起步较晚，但在竞争状况和企业入局方面与国外仍有共同之处，且未来的使用场景将进一步延伸。首先，虚拟数字人产业总体上处于起步阶段，国内外企业正积极探索虚拟数字人的商业化模式、不断拓宽应用场景，在试验中摸索商业化推广的可能性。其次，游戏领域成为国内外互联网公司和技术型企业入局虚拟数字人产业的必选之地。例如，美国的 Unreal 和 Epic Games 公司凭借性能强大的动画引擎，帮助用户制作高度拟人化的游戏虚拟形象；国内的网易伏羲不仅提供了与虚拟数字人技术相关的游戏行业解决方案，还为 B 端提供"虚拟数字人＋文旅""虚拟数字人＋教育""虚拟数字人＋数字营销"等应用场景，如腾讯为其热门游戏《王者荣耀》和《和平精英》打造虚拟偶像男团。最后，随着人工智能、计算机动画技术的发展，虚拟数字人的拟人化程度将不断提升，在现实世界的应用深度和广度都将提高。

在具体产品上，欧美国家的虚拟数字人主要呈现三个特征。

（1）角色多元化。五官、皮肤、服装的自由组合，让人物形象从原来的狭隘领域、单一角色中解放出来。虚拟数字人的外貌被视为自由的代表，让自然人拥有更自由的形象选择空间，以及更多的对角色塑造的可能性。

（2）风格潮流化。在实用主义美学的影响下，西方虚拟数字人美学设计风格潮流化。同时，虚拟数字人具有独特的风格，可以应用于产业中作为消费符号的基础。注意，此处使用的形容词是"独特"，而不是"完美"，因为完美人格难以被"符号化"，在日渐壮大的虚拟偶像市场中很难脱颖而出。拥有特定的外貌和性格特质，并以受众喜闻乐见的形式展现自我的虚拟偶像，才能满足受众的文化消费需求，更有可能具备高商业价值。

（3）形象个性化。不同于流水线统一的审美标准，虚拟数字人的形象趋于日常化，小瑕疵（如虚拟数字人脸上的雀斑、痣、青春痘等）也被视为一种美学符号。中国的虚拟数字人则呈现出东方文化属性，例如，主流虚拟数字人 AYAYI、尚小美等都属于甜美少女脸（如图 3-5 所示）；虚拟数字人"大V"辨识度高、各有特点，可以迎合不同群体的审美需求。也正因为个性化的形象与人设定位，虚拟数字人能够"破圈"圈粉。

图 3-5　虚拟数字人的典型代表

3.1.5　虚拟数字人产业的"拦路虎"

技术是进入虚拟数字人行业的主要门槛。企业若希望在元宇宙领域分得一杯羹，那么深厚的人工智能、3D 建模、区块链、拓展现实和通信技术必不可少。

同时,技术是虚拟数字人行业的瓶颈。在虚拟空间中,"好看的皮囊"和"有趣的灵魂"将成为虚拟数字人进化的方向。在外表呈现上,需要使用 AI 技术助力虚拟数字人形象的建模,驱动面部表情和唇形等更加真实;在行为交互上,虚拟数字人与自然人之间的高质量互动,有赖于情感算法技术的提升。另外,突破技术难关带来的成本难题也是阻碍虚拟数字人发展的主要因素。虚拟数字人的制作离不开场景技术、交互技术、感知技术和行为技术,而这些技术的研发成本都非常高。

3.2　虚拟数字人的前景与发展赛道

虚拟数字人可以真切地参与消费者的现实和虚拟生活,成为消费者的助理或朋友,帮助消费者追求更理想的自我,提供使用价值和情绪价值。截至本书完稿时,各行业、各企业都在制定虚拟数字人布局方案,服务、营销、教育、泛娱乐和文旅领域的虚拟数字人产业入口已被打通。

3.2.1　营销:助力企业元宇宙化

虚拟数字人在营销领域的应用主要包括虚拟代言人、虚拟客服、虚拟导购和虚拟主播。

在品牌传播过程中,虚拟代言人具备可塑性、经济性、稳定性和专属性的特征,而这些特征也是虚拟代言人相较于真人代言人的优势所在。在生产环节,虚拟数字人的厂商或品牌方能够根据需求定制虚拟代言人的外形、语言和性格等,产品可塑性强、灵活性高;在运营环节,使用虚拟数字人进行品牌代言，可以规避因代言人的丑闻而损害品牌形象的风险，减少危机公关的费用；在消费环节，为品牌定制的虚拟代言人更有可能吸引与该品牌"气味相投"的消费者。有吸引力的虚拟代言人能够将消费者对代言人的喜爱转化为对其代言的品牌的情感认同，从而催生消费者的购买意愿。

从当前的品牌应用虚拟代言人的情况来看，虚拟代言人的营销方式主要分为三个类型。一是品牌方与动漫 IP 进行的短期合作。在"兴趣消费"的背景下，与动漫 IP 的联合能够为品牌注入活力，而成功找到消费者和 IP 情感连接点的品牌，更有可能获得消费者的青睐。以网络小说《魔道祖师》和可爱多的合作为例，品牌方将可爱多冰激凌的五种口味与小说里的"五大男神"对应，为产品注入人格化魅力，合作不到两个月时间，魔道系列可爱多冰激凌的销量便达到 2.4 亿支。二是品牌自主创造的虚拟代言人，例如花西子的同名虚拟代言人和麦当劳的"开心姐姐"。该模式下的虚拟数字人灵活性好、与品牌契合度高，但产品的生产成本高，在形象和行为迭代中需要较高的人力成本和持续的资金投入。三是以真人明星为原型创作的虚拟偶像，如在北京冬奥会上亮相的谷爱凌的虚拟形象 Meet GU。品牌可借助真人明星的流量，提升消费者对品牌的关注度。

《2021 中国虚拟偶像行业发展及网民调查研究报告》显示，与现实偶像相比，37.6% 的中国网民更愿意为虚拟偶像消费。此外，48.9% 的中国网民在二者的花费上基本相同。随着消费者对虚拟代言人相关产品的消费意愿进一步增强，未来越来越多的品牌将试水虚拟代言人。然而，许多品牌在引入虚拟数字人后，由于缺乏长期战略规划，出现前期传播效果不好、后期成长乏力的现象。因此，如何对传播策略进行长线规划，在实现虚拟代言人和品牌同频成长的同时降低推广成本，将成为品牌方面临的重要挑战。

虚拟客服能够根据业务场景进行定制化生产。虚拟客服通过线下大屏一体机、电子播报屏、线上 App 等，为用户提供问答、面审等服务，在金融领域的应用最为广泛。在国内，制作虚拟客服产品的厂商主要有搜狗（已被腾讯收购）、网易伏羲和相芯科技。搜狗为平安惠普和平安保险打造了金融虚拟客服，而网易伏羲和相芯科技也提出了可定制的虚拟客服解决方案。

相比真人客服，虚拟客服的主要优势在于能够帮助企业降本提效。在成本方面，企业对虚拟客服的前期投入大、固定成本高，但在一次性投资后，虚拟客服的运营成本和培训成本很低，即边际成本较低。另外，利用虚拟客服代替人工客服，能够规避员工流失的风险，在一定程度上降低企业的人力成本。在提效方面，真人客服需要不断汲取知识以满足客户需要，该过程需花费大量的时间，而虚拟客服基于知识图谱和 NLP 等技术进行数据和知识的积累，能够以更短的时间和更低的成本实现业务升级，满足客户需要。然而，虚拟客服需要以视频的形式与用户展开互动，对于传输速率、耗能、时延、容量等有更高的要求，这需要企业有较强的技术和资金基础。

在新冠疫情结束后，部分企业，尤其是跨境电商企业的线下销售受阻。在此背景下，虚拟导购对扩大商品信息的传播范围、实现供需对接具有重要意义。虚拟导购的应用场景主要有四种：虚拟导购＋云逛街、虚拟导购＋直播、线下无人自助商店和 VR 消费体验店。在线上，虚拟导购可以借助聊天机器人、移动 App、浏览器插件、小组件等形式，灵活切换多种购物场景，与消费者进行互动、展示商品，刺激消费者的购物需求。截至本书完稿时，虚拟导购已被应用于京东和天猫的云店铺和阿里巴巴国际站的 3D 展厅。在线下，随着越来越多的无人自助商店建成，虚拟导购将成为提升用户体验和进一步提高销量进程中不可或缺的一环。从商品介绍、商品答疑到日常聊天、情感交流，虚拟导购增强了用户购物过程中的互动感，在一定程度上弥补了线上购物中缺失的临场感，提升了交易达成的可能性。

真人导购与消费者的交互性强，对专业性的要求高。虚拟导购在与消费者的实际交互中容易暴露技术短板，在灵活度和真实感方面与真人导购仍有一定差距。如何提升 NLP 技术、更好地理解消费者的显性和隐性需求，是虚拟导购制造厂商在未来发展中需要思考的问题。

虚拟主播是指基于语音合成技术、大数据学习和多模态交互等人工智能技术，能够应用于新闻广播、直播带货等场景，完成主持和播报的新媒介。虚拟主播的"进化"，是从身体上的"形似"到表情上的"神似"，再到人格化的"相似"的过程。比较典型的虚拟主播是由英国企业制造的虚拟数字人阿娜诺娃。它的诞生具有开创性意义，但以它为代表的虚拟数字人仍是处于第一阶段的虚拟主播，只实现了对人类身体外形的模拟，与真人主播的差异明显。在语音识别和图像识别技术的助力下，第二阶段的虚拟主播并没有追求极致的身体"形似"，而是将表情、发音、肢体动作等的"神似"进行到底，更生动。例如，百度旗下的 DuMix AR 虚拟主播制造平台，能够为不同的文字和语音适配符合人体生理构造的面部肌肉和唇形。

与真人主播相比，虚拟主播的劣势体现在缺乏"人格化"魅力以及缺少临场发挥的能力。除了发音标准、仪态端庄，具有独特人格魅力的"口才"是真人主播的核心竞争力。在游戏和直播领域，用户对主播的即时性互动和随机反应的要求较高。然而，目前基于自然语言处理技术推出的虚拟主播，未能完全满足这些用户对"人格化"互动对象的要求。另外，虚拟主播虽然能根据系统设定对特定用户使用固定的话术，亦能在用户提及"关键词"时进行回复，但受 AI 技术的限制，其语言和形态都较为单一、生硬，难以与具备优秀判断能力和逻辑思维能力的真人主播媲美。

3.2.2 服务：让高质量服务普惠化

虚拟数字人在服务领域的应用主要体现在虚拟医疗助手、虚拟心理助手和虚拟智能音箱三类产品上。

"就医难""看病难"在医疗资源紧张的地方成为医疗行业的痛点，在此背景下，在一定程度上能代替医生进行问诊咨询的虚拟医疗助手应运而生。虚拟医疗助手是基于语音合成技术、计算机视觉技术、医疗相关自然语言处理技术开发的虚拟"医生"。通过与虚拟医疗助手的交互，用户能够获得与线下就医相近的体验。

虚拟医疗助手在用户体验、隐私性保护和医疗资源协调方面具有独特的优势。首先，就医的便捷度和良好的医疗质量提升了用户体验。线上就医与线下就医相比，交通成本、时间成本和就医成本较低，且不受时空的限制，便捷度高；除了辅助性的诊疗服务，虚拟医疗助手还能提供智能陪护服务，用人性化的语言抚慰患者情绪，优化治疗效果，用户体验较好。其次，虚拟医疗助手的应用使用户隐私得到更好的保护。整个过程没有真人介入，因而形成了"线上问诊→提供治疗方案→药品配送"的诊疗闭环，该模式下用户的隐私性更强。最后，在医疗资源紧缺时，虚拟导诊员作为虚拟医疗助手之一，能够帮助解决医院的日常管理问题，让医护工作者将有限的精力投入关键的医疗工作中，清华大学与上海交通大学医学院附属第九人民医院合作研发的清芸机器人已经投入使用，如图 3-6 所示。

图 3-6　清芸机器人

从现阶段市场上已有的产品形态来看，虚拟医疗助手主要分为虚拟家庭医生、虚拟护理员和虚拟导诊员。在虚拟医生领域，国内的相芯科技推出了虚拟家庭医生，让患者足不出户便可接受专业的医学指导；加拿大的企业早在 2010 年就成立了线上问诊平台 Ask The Doctor。虚拟护理员的主要作用是帮助医疗专业人员"监控"患者，确保他们按时、按量服用药物，并在出现问题时发出警告。与虚拟家庭医生相比，虚拟护理员与现实生活融合的程度更深，被日常应用的时间更长。机器人公司 Next IT 研发的 Alme Health Coach 是具有代表性的虚拟护理员产品，通过患者的穿戴设备和手机产生的数据，能监控慢性病患者的睡眠并为其规划日常健康活动。在虚拟导诊员方面，科大讯飞的"晓曼"具备引导患者分诊、指导就医和应对常见病咨询等功能，已在杭州市第一人民医院和中国人民解放军总医院等三甲医院落地应用。牙牙精灵在线上有精灵爱牙讲堂，用于科普口腔知识，在线下可以提供医疗服务或介绍医生，与患者进行牙科知识问答，如图 3-7 所示。

图 3-7　牙牙精灵提供线下医疗服务

《2020—2021 中国互联网医疗行业发展白皮书》显示，2020 年我国移动医疗市场规模达 544.7 亿元，且 79.3% 的受访用户表示愿意体验"AI+ 医疗"的模式。未来，在云计算、大数据和人工智能技术的加持下，"虚拟数字人 + 医疗"的潜力将被进一步激发。

随着多模态人机交互技术的发展，虚拟数字人的脸部表情更逼真，情绪表达更丰富，语义理解更深入，具备成为自然人心理陪伴者的潜质。虚拟心理助手通过询问用户的感受，了解用户的情绪和症状，能够基于数据为用户提供心理健康方面的诊疗。

虚拟心理助手的优势主要有以下两点：一是能够为用户提供贴心、可靠的心理咨询和治疗服务；二是能够协调医疗资源分配，缓解日益增长的用户需求与有限的心理服务资源之间的矛盾。

首先，虚拟心理助手在线上提供模拟现实的面对面心理咨询服务。根据《2019 中国心理咨询行业人群洞察报告》，用户更偏好"人脸式"心理咨询。从 2016 年到 2019 年，选择面对面咨询和视频咨询的用户比重从 22% 提升至 53%，而选择语音咨询的用户比重呈逐年下降的趋势。相关研究表明，初诊患者常对心理医生抱有怀疑态度，不愿意吐露真言，因此需实施信任先导策略。而虚拟心理助手的拟人化程度高，用户更容易在交谈的过程中感到放松，放下戒备，对虚拟心理助手的信任度更高。

其次，现阶段我国精神卫生资源面临着地区分布不均和从业人员数量相对不足的问题。《2022国民健康洞察报告》显示，"情绪问题"已成为人们最大的健康问题。虚拟心理助手的出现，让用户足不出户便能接受心理咨询和治疗，其实时性和便捷性，在一定程度上缓解了线下心理服务资源供不应求的问题。

在产品方面[①]，由麻省理工学院AI实验室在20世纪60年代研发的聊天机器人Eliza被认为是现代虚拟心理助手系统的雏形。21世纪，临床心理学家Alison Darcy与其团队研发了Woebot虚拟聊天机器人，该产品运用认知行为治疗（CBT）技术，为抑郁症和焦虑症患者提供优质的心理健康护理服务，而该产品所属的公司Woebot Labs也于2018年完成了800万美元融资。另外，硅谷公司X2AI设计的机器人Emma和心理AI产品TESS能分别帮助用户缓解轻度焦虑和改善倦怠。在国内，2018年连信科技打造了国内首款AI心理健康机器人连小信，推出了AI心理评估、AI心理训练等四大功能，是全天候在线的免费"心理咨询师"。未来，虚拟心理助手将成为针对心理健康领域的新型护理方式。

随着智能家居设备的推广，智能音箱成为"智能家"中不可或缺的一部分。智能音箱集成了虚拟助手、麦克风和微型计算机，如"小度"和"小爱"。用户通过发出语音命令激活智能音箱，进行上网或者控制智能家居设备。

虚拟智能家居助手的人机交互模式具有以下三大特性。在用户层面上，由于虚拟智能家居助手具备语音识别功能，用户仅通过语言便可向助手进行信息输入，降低了人机交互的门槛，对老幼群体友好。在逻辑层面上，虚拟

---

① 出自《心理疾病的策略疗法研究》，作者徐锡荣、张燮。

数字人和用户并没有进行实体物质的交互，而是将语言作为媒介，解放了用户的双手，让用户可以同时处理多项任务。在技术层面上，具备深度学习能力的虚拟智能家居助手，能够在与用户的交互中不断了解用户的习惯和偏好，借助持续更新的算法系统，为用户提供定制化服务。

放眼全球的智能音箱市场，主要企业包括亚马逊、谷歌、阿里巴巴、百度和小米等。根据前瞻产业研究院整理的数据，2020 年第 3 季度，亚马逊智能音箱约占全球智能音箱主要品牌出货量的 28%，Google 智能音箱紧随其后，约占 23%。而在国内市场，中商产业研究院的数据显示，2021 年上半年，"小度"、"小爱"和天猫精灵在智能语音产品的市场占有率排名前三，共占据 53.1% 的市场份额。未来，智能音箱的普及率将进一步提升，但随着用户对智能音箱的期待值越来越高，使用后的心理落差也将越来越大。如何提高智能音箱的语音识别准确度，将成为企业需要攻克的技术难题。

3.2.3 教育：赋能教学信息化

随着经济和技术的飞速发展，知识的迭代速度不断加快，这要求传统教师不断根据行业和社会的需求快速更新自身知识库。对传统教育行业中的教师而言，这无疑是极大的挑战。此外，社会发展加速了工作岗位的分化，社会对劳动者的素质要求日趋多样化。要培养专门的人才，必须在"博才"教育的基础上实施"专才"教育。虚拟数字人凭借强大的存储功能、知识图谱应用功能、情景再现功能，可以弥补传统教师的不足。虚拟数字人在教育领域的应用包括虚拟教师、虚拟陪练和 AR 虚拟数字人图书，如图 3-8 所示。

图 3-8　全球首位虚拟教师 Will

虚拟教师是指基于自然语言处理、虚拟现实和语音合成等技术，可植入学习机、平板电脑等硬件设备，能够模仿真人教师的外形和神态，并补充甚至替代真人教师的部分教学功能的产品。虚拟教师能够获取屏幕前学生的语音和微表情数据，针对学生的学习表现做出反应，例如对走神的学生做出警告，为学生提供全天候的教学支持及陪伴。

虚拟教师能够与真人教师开展协同教学或独立承担教学任务。已有国内高校（如河南开放大学）推出了虚拟教师，进行了教学改革。虚拟教师在提升学生的学习效果和改善教育公平方面展现出优势，未来将被更大范围地应用于学校及培训机构。一方面，虚拟教师能够进行实操演示和答疑解惑，极大地提升学生在学习过程中的沉浸感和交互感；另一方面，虚拟教师在一定程度上有助于实现教育公平。现阶段，我国教育资源的地域分布并不十分均衡，东、中、西部地区的高校教育资源差异较大。虚拟教师的推广将有助于实现教育资源共享，缓解部分地区教育资源分配不均衡的问题。

诚然，虚拟教师也并不"完美无瑕"。与真人教师相比，虚拟教师的权威感和交流感不足，学生可能会产生懈怠、厌倦等情绪。因此，具备主动性和积极性的学生，更有可能在与虚拟教师的互动中获得良好的学习效果。此外，从古至今，教师一直是传道、授业、解惑的道德典范，未来，虚拟教师这一技术形象要如何在人工智能与道德塑造中找到平衡点是留给教育者、家长和虚拟数字人厂商的难题。

随着出版行业数字化转型的不断深化，虚拟数字人和 AR 等新兴技术与传统出版业融合的尝试亦日益增多。AR 虚拟数字人图书作为出版业的突破性产品，利用虚拟数字人对图书的图文内容进行说明或虚拟化再现，打破了传统的阅读模式，为读者带来了新颖且沉浸式的阅读体验。

AR 虚拟数字人图书的主要应用领域是教育出版，尤其是理工科教材和儿童图书。与纸质图书相比，AR 虚拟数字人图书的优势体现在将"枯燥"的知识形象化，提升学习的趣味性。AR 虚拟数字人图书突破纸质图书的阅读限制，将虚拟数字人作为"讲解员"或故事的"主人公"，把知识内容立体化和具象化，带给儿童别样的阅读体验。该形式不仅能提高读者的参与度和代入感，还能通过空间展示、场景复现，帮助读者更好地理解重点、难点。另外，AR 虚拟数字人图书对设备的要求较低，读者基于手机、平板电脑中的 AR 应用便可使用，且不存在物流成本，这也推动了 AR 虚拟数字人图书数量的不断上升。

针对因身体障碍而无法接受常规线下教学的残障人士，这种创新的阅读模式也提供了专门的解决方案。例如，百度研发团队借助 AR、OCR 等技术，开发了全球首款能够将图文内容翻译为文字的听障儿童 AI 手语翻译小程序。AR 虚拟数字人图书作为线上教学方式之一，有利于解决残障人士的教育问题，是现代技术理性与价值理性共生的体现。

要实现 AR 虚拟数字人图书的跨越式发展，其技术困境是厂商首先要解决的问题。SDK 是 AR 开发的核心，但国内的技术企业开发的 SDK 与国外企业开发的仍有一定差距。虽然 AR 虚拟数字人图书能提升读者的阅读体验，但比起传统图书，该产品在一定程度上让读者失去了培养独立思考能力和耐心的机会。如何在应用新技术的同时发挥传统媒体的优势，是出版业在数字化转型进程中需要思考的问题。

3.2.4 泛娱乐：商业应用的最佳试验田

作为用户在虚拟世界的分身，虚拟数字人具备的身份隐匿性和可塑性使其天然适合应用于网络社交、游戏等互联网泛娱乐领域。

在泛娱乐元宇宙中，虚拟数字人包含了奇观化的工业内容产品，带有一定的"亚文化"和"二次元"色彩，这与 Z 世代相关的青年消费文化契合。Soul App 发布的《2021—2022 Z 世代行为年度报告》显示，超过 8% 的 Z 世代把自己称为"元宇宙青年"。Z 世代对虚拟内容的认同和向往，将推动"虚拟数字人＋泛娱乐"模式的发展，尤其是在社交领域下的不断发展。现阶段，虚拟数字人在泛娱乐领域中的应用主要是虚拟偶像、舞台表演、数字替身和数字角色。

1. 虚拟偶像

虚拟偶像的主要特征包含人格化设定、符号化消费和互动性体验。在已有的虚拟偶像中，虚拟歌手、虚拟模特以"零丑闻"的优势，在 K-Pop 娱乐市场占领了一席之地。与真人偶像不同的是，在粉丝与虚拟偶像的互动中，粉丝的话语权更高。在智能技术的加持下，粉丝可以不受时间和空间的限制与虚拟偶像进行互动。然而，虚拟偶像与粉丝的互动也存在两个潜在问题。一是因缺失线下互动引起的用户体验下降能否被虚拟现实技术弥补？二是倘若粉丝能够不分昼夜、不分地点地与虚拟偶像互动，那么是否会减少粉丝对偶像的距离感，从而使粉丝丧失对偶像的崇拜感？

受消费者对数字文化消费意愿的提升和相关技术进步的影响，我国虚拟偶像的产业规模正不断扩大。虚拟偶像作为消费符号，获得了大众的喜爱，然而，"偶像"并不是"完美"的，许多虚拟偶像的背后是"中之人"，如果虚拟偶像的真人扮演者有了负面新闻，那么也会给虚拟偶像带来影响。另外，与中之人相关的行业的规范有待进一步完善。

2. 舞台表演

舞台表演是指基于增强现实技术和全息投影技术，在演唱会、戏剧等舞台上，投射出立体的数字幻象，数字幻象独立或者与真人表演者共同完成的表演，能够带给观众震撼的舞台体验。例如，在 2022 年江苏卫视的跨年演唱会上，真人歌手与虚拟数字人"邓丽君"共同演唱歌曲，如图 3-9 所示，具有极高的观赏性。

图 3-9　2022 年江苏卫视跨年演唱会上"邓丽君"的全息投影

与真人表演相比，由虚拟数字人带来的舞台表演可以不受时间和空间的限制，然而其发展也面临一些现实问题。首先，以虚拟数字人为表演者的舞台的制作成本并不一定比传统舞台低，因为虚拟舞台的导播、拍摄和虚拟动画制作等方面都需要费用，这些费用最终会由 B 端或 C 端承担。大多数虚拟舞台表演是免费的，只有当制作者拥有较深厚的虚拟数字人技术基础或具备足够"吸粉"的 IP 时，才能使 B 端、C 端愿意为之付费。其次，虚拟数字人表演内容的版权应归属何方、表演在网络上的二次传播是否涉及侵权，都是舞台表演在数字化转型中需要界定的问题。

3. 数字替身

数字替身也被称为虚拟分身，主要被应用于社交和电影两大领域。在社交元宇宙中，数字替身是现实世界的真实人的虚拟形象；而在电影行业中，随着光台拍摄、模拟环境光和人物肤色重建技术的发展，电影制作方能够重建一个真实人或者真实人身体的一部分，将其作为电影中的数字替身。

在电影行业中，数字替身能够代替演员"拍摄"具有一定危险性的片段，也能够让已经逝世的演员"重现"在大荧幕上，甚至创建"人"或者其他生物。然而，"恐怖谷"效应是数字替身应用于电影特效的一大难题。当数字替身与真实的人拟合到一定程度时，一些微小的差异都会尤为刺眼，进而让观众产生恐惧、厌恶等情绪。因此，如何避免产生"恐怖谷"效应，让观众对数字替身这一"演员"产生正向的情感反应，成为电影制片方需要攻克的技术难点。

4. 数字角色

数字角色主要指用户在虚拟世界中的第二分身以及在游戏中设置的 NPC。美国的游戏引擎企业凭借高逼真度的人物动作等技术优势，目前处于垄断地位。而在国内外，皆出现了针对游戏这一细分赛道的虚拟数字人技术相关企业，如美国的 Unity 和中国的网易伏羲。

游戏中的数字角色具备叙事互动性和社交性。要想为玩家提供良好的游戏体验，就离不开引人入胜的游戏剧情。在游戏剧情的开展过程中，游戏设计者可以将虚拟数字人作为介绍者或剧情中的数字角色，以极致的场景和高度仿真的人物提升用户在游戏过程中的沉浸感，带给用户更好的互动体验。另外，在游戏过程中，用户与自己的朋友，甚至是陌生网友，一同对决、闯关、合作，在虚拟的游戏网络中社交，感受与现实生活中相似的人际关系。从商业化角度来看，社交类游戏特有的情绪属性有利于提升用户的黏性，"社交 + 游戏"模式将有望成为数字角色在游戏应用中的发力点。

3.2.5　文旅：新时代新业态

地理距离的限制在一定程度上阻碍了文旅产业的发展，智慧旅游和虚拟旅游模式应运而生。利用数字孪生、AR 等技术，能够让"游客"足不出户便游览祖国的山川风景，甚至世界的风光。元宇宙旅游已经成为打造国家虚拟 IP 形象、促进国际传播的重要手段之一。

在文旅领域，由虚拟数字人担任的虚拟导游和虚拟讲解员能够代替真人，为游客的线下旅游提供导航、讲解、购票等服务。

文旅元宇宙的建设包括内层、中层和外层三个维度。内层建设主要是制定和完善虚拟旅游相关政策，以推动虚拟旅游这一新兴产业的规范化，提高其商业变现能力。中层建设需要景区结合自身的文化底蕴和发展现状，明确发展理念，打造游客喜闻乐见的内容。而外层建设是对虚拟场景和以虚拟导游、虚拟讲解员为代表的虚拟数字人的建设，以实现游客与虚拟场景和虚拟数字人的深度互动。

虚拟导游是指建立在 3D、AR 等技术之上的能够为游客提供导航、路线制定和酒店预订等服务的非真人导游。虚拟导游在文旅产业的优势和作用主要体现在以下方面。在游客体验上，虚拟导游能够搭载线下的智能交互屏幕或者线上的电子设备，对游客进行接待、表示欢迎，也能在知识库中提取游客所需的信息，针对景区的历史内涵和文化特色进行个性化讲解。在线下的景区管理上，比起真人导游，虚拟导游能够实施精准营销，既能为景区揽客，也能对景区内的人流进行实时监控，降低了景区的营销和运营成本。

虚拟讲解员是指基于三维动画和语音识别等技术，能感知迎面走来的观众，并向其提供迎宾、景区导览、讲解等服务，与其互动的虚拟数字人。截至本书完稿时，虚拟讲解员主要被植入电子屏幕广泛应用于博物馆、展馆和图书馆等线下场景。与真人讲解员相比，虚拟讲解员的优势在于"不知疲倦"，能够7×24小时不间断地进行讲解或者为观众提供服务。另外，虚拟讲解员能在一定程度上摆脱电子屏幕的限制，与小程序、App进行数字联动，让观众利用自己的手机等电子设备享受服务。此外，虚拟讲解员的主要功能和应用场景，使其天然具有向观众传播知识和传承文化的"潜力"。例如，2022年5月18日，百度智能云为中国文物交流中心打造的中国首位文物虚拟讲解员"文夭夭"正式上岗。这位虚拟少女能够以成百上千个"虚拟分身"同时服务若干博物馆，今后也将远赴海外，传播中国文物知识，宣扬中国文化。现代著名艺术家弘一法师为西方乐理传入中国做出了杰出贡献，清华大学的沈阳教授制作的弘一法师复原图再现了弘一法师的音容笑貌，如图3-10所示。

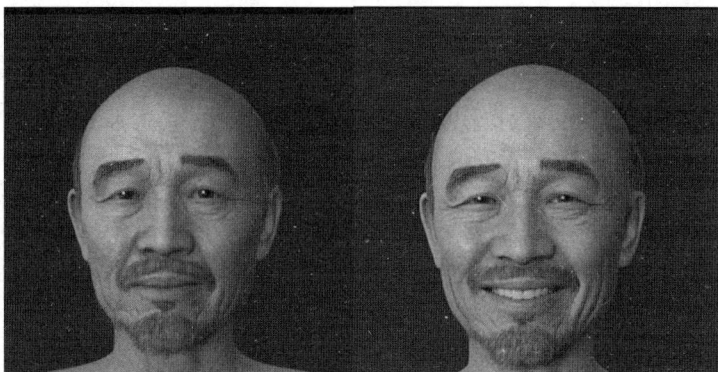

图 3-10 弘一法师虚拟数字人的初步效果图

综上，虚拟数字人技术现阶段已被广泛应用于营销、服务、教育、泛娱乐和文旅五大领域。在产业数字化革命中，虚拟数字人在实体经济中的应用场景将被不断拓宽，从最初的虚拟数字人辅助现实社会的生产活动，逐渐过渡到虚实相融发展。

3.3 当虚拟数字人遇上大模型

当虚拟数字人遇上大模型，时代的变革呼之欲出。2022 年 11 月，OpenAI 推出了基于 GPT-3.5 架构的智能聊天机器人 ChatGPT，这一产品一经面世便迅速引爆全球市场。ChatGPT 凭借其出色的语言生成能力和广泛的适应性，迅速吸引了大量用户关注，上线短短两个月，其月活跃用户数便突破 1 亿，成为互联网历史上增长最快的消费类应用之一，也是面向 C 端扩展速度最快的 AI 产品。

虚拟数字人与大模型结合，迈向深度学习和智能互动的新时代。大模型技术的进步迅速重塑人机交互的方式，使虚拟数字人不仅在形态上更接近人类，在处理复杂任务方面也展现出前所未有的能力。这种能力的提升不仅体现在自然语言处理和感知智能的改进上，也体现在复杂决策和多模态理解上。

当前，大模型技术处于飞速发展阶段，其强大的计算能力让虚拟数字人有了更广泛的应用场景，同时提供了更具针对性的解决方案。未来，虚拟数字人将在社会生产和公共生活中扮演更加重要的角色，从医疗辅助到教育教学，从情感陪护到商业服务，覆盖的范围将越来越广泛。正如传播学者指出的那样："技术的进步不仅仅是功能的叠加，更是社会意义的重构。"当虚拟数字人依托大模型的强大能力跨越人机界限，技术与社会的互动将重新定义未来生活的方方面面，赋予其更深层次的内涵和更多可能性。

这一变革不仅仅是科技的进步，更是人类与技术共同进化的一个缩影。在大模型的推动下，虚拟数字人的发展将进一步加速，从而为各行各业带来全新的机遇和挑战。虚拟数字人不再是科幻影片中的角色，它正在成为现实中的新兴力量，推动着一个智能化、人性化的未来世界的到来。

3.3.1　大模型改变虚拟数字人的社会预期

在大模型的推动下，虚拟数字人的社会预期和应用场景发生了显著变化。ChatGPT 作为大模型技术的代表，以其卓越的自然语言处理能力和智能对话功能赢得了全球的关注与追捧，展示了 AI 在处理复杂任务方面的巨大潜力。这种潜力不仅震撼了科技界，也让公众对大模型的未来应用充满期待和想象。随着 ChatGPT 的发布，全球市场迅速掀起了一股关于大模型的讨论热潮，各大互联网公司都希望在 AI 时代占据一席之地。与此同时，众多中小企业也在积极探索 AI 的应用场景，力图通过灵活的决策和执行策略进入这一新兴市场。国内市场的"百模大战"已然成型，资本市场对大模型的商业化潜力表现出极大的兴趣，频繁的融资事件进一步推动了大模型的普及。

依赖数据积累和技术进步，大模型的训练速度和输出准确性显著提升，这为其广泛应用提供了强有力的技术支撑。尽管大模型已经在诸多领域中展示了应用潜力，但在商业化道路上它仍然面临挑战。当前，大模型尚未找到一个成熟的盈利模式，如何在激烈的竞争中找到适合的落地场景和有效的商业化路径，成为各大模型厂商面临的主要难题。

截至本书完稿，市场上已有许多能够为厂商赚钱的 AI 数字人项目，如虚拟偶像、虚拟主播、虚拟主持人等。就目前的商业化探索而言，虚拟数字人是为数不多的能让大模型直接盈利的落地方案之一。同时，虚拟数字人的"智力缺陷"也有望被大模型改善。大模型通常能够快速理解用户的问题，并给出符合人类沟通习惯的准确回答，在与人的"交往效用"方面，达到既往人机聊天程序无法企及的高度[1]。大模型不仅能理解对话情境和特定文化语境下的情感表达，还能以特有的风格和"个性"达成与人类的认知互通和情感联结。大模型可以显著提升虚拟数字人的"智力"，使其能够快速理解用户的问题，提供符合人类沟通习惯的准确回答，并通过模拟真实的情感与用户建立认知和情感的联结。

传统虚拟数字人的制作成本极高，涉及硬件设备、软件开发、人力资源等方面。然而，随着大模型技术的发展，虚拟数字人的制作成本已经从数百万元降低到数万元，生产周期也从数月缩短至数天甚至数小时。这种成本和效率的提升，极大地拓展了虚拟数字人的应用场景和市场空间，为更多企业和个人参与其中提供了可能。

有了大模型的加持，以往困扰虚拟数字人领域的两大难题得以解决。

其一，制作成本高昂，制作效率较低。据估算，早期制作一个 3D 数字

---

[1] 出自《何以为人？——AI 兴起与数字化人类》，作者杜骏飞。

人的总成本高达数十万元，如果制作级别高一些，那么甚至需要耗资上百万元，小规模企业无力负担，而 IP 化、产业导向的虚拟偶像的制作成本则又高出一个数量级。瑞银发布的数字人研究报告显示，高级虚拟偶像的前期投入成本平均为 3000 万元，后期运营同样开销巨大。例如，乐华娱乐旗下的虚拟女团 A-SOUL，仅一首单曲的制作成本就接近 200 万元，一场线下演唱会甚至需要投入约 2000 万元。

虚拟数字人不仅"烧钱"，制作流程也较为复杂。在传统虚拟数字人的制作过程中，建模、驱动、仿真、渲染等关键环节均高度依赖人工操作，还需要结合计算机图形学以及真人动作捕捉等技术，耗时较长，效率很低。此外，遵循传统的设计标准和制作流程，也容易导致虚拟数字人在外观形象、语言风格和互动模式等方面缺乏个性与差异，无法展现出虚拟数字人的独特魅力。

依赖 AI 技术的飞速发展，特别是以大模型为代表的技术突破，虚拟数字人的制作成本显著降低，由百万元级降至十万元级、万元级，使更多企业、机构和个人能够涉足数字人领域。万元级别的制作成本意味着更大的试错空间，越来越多的市场参与者有能力也有意愿尝试虚拟数字人，这将助力相关技术和产品的普及与应用。与此同时，大模型大幅缩减了虚拟数字人的生产周期，从以往的数月缩短至数天、数小时，使虚拟数字人的制作更加灵活高效。无论是为了快速应对市场的变化，还是为了满足特定项目的紧急需求，都能够在短时间内完成虚拟数字人的制作。

这些变化不仅作用于虚拟数字人领域，还会给相关行业带来长远的影响。例如，在游戏、电影、广告等领域，虚拟数字人已成为不可或缺的元素。鉴于制作成本的降低与周期缩短，这些领域能够更频繁、灵活地运用虚拟数字人技术，创造出更加丰富多彩的作品和体验。

传统虚拟数字人追求外观上的高仿真、高拟人,在没有大模型支持的情况下,虚拟数字人被批评为"没有灵魂的数字皮套",空有人类的外观,而无人类的"灵魂"。这一阶段可被视为虚拟数字人发展的"去智"阶段,其特点为在屏幕上模拟出一个外观接近真人的虚拟形象,并赋予其部分人类的结构性与功能性特征。通过开发者的精心调试与严格控制,这些虚拟数字人能够模拟与人类接近的动作和反应。

由于缺乏 AI 支持,这些虚拟数字人难以根据不同用户的需求和偏好,提供个性化、富有创意的互动体验,只能照本宣科,机械执行预设的程序或重复相同的任务,使整个互动过程显得生硬。有研究者将这一阶段的虚拟数字人定义为"虚拟解剖人"或"虚拟几何人",而真正的"虚拟数字人"必须构建于两个核心要素之上:其一,拥有人体的生理特征,能够做出功能性的反应,展现丰富多样的情绪,具备情感表达的能力;其二,具有类人的智能特性,即拥有思考中枢,能够模拟人类的思维能力,生成合理且具有逻辑性的思考结果,并能以人类的表达形式将之输出[1]。简言之,虚拟数字人需要同时具备人的身体和人的大脑。

大模型的出现,全面提升了虚拟数字人的"人性"与智力表现。首先,大模型所具备的强大自然语言处理能力,让虚拟数字人能够对用户输入的内容进行精准理解和深度解析,从而有效地捕捉用户的真实意图和情感波动,高效地生成与用户需求完美匹配的个性化回应。其次,通过对大模型进行精细化训练,可以让虚拟数字人在性格和人格方面得到进一步提升,在与用户互动的过程中,能够展现出一致的风格和魅力,让互动过程更加鲜活有趣。再次,大模型采用的先进机器学习算法能让虚拟数字人拥有自主学习和持续

---

① 出自《数字化虚拟人体研究现状和展望》,作者钟世镇。

进化的能力。配备了大模型的虚拟数字人，能够不断从与用户的互动过程中学习到新的知识和技能，加深对用户需求的理解，进而与用户建立"默契"，更好地满足用户需求。

目前市面上已陆续出现服务于虚拟数字人生产的大模型平台。例如，腾讯旗下的腾讯云智能数智人平台，定位为"新一代多模态人机交互系统"，旨在"快捷打造有智能、有形象、可交互的'数智分身'，引领企业服务智慧升级，助力数智化转型，提升企业沟通效率和服务温度"。该产品同时支持 2D 虚拟数字人和 3D 虚拟数字人生产，功能涵盖形象生产、交互对话及音视频播报等，如图 3-11 所示。

图 3-11 腾讯云智能数智人小程序界面

在虚拟数字人领域，腾讯云和华为云依靠大模型做出了技术创新。腾讯云在虚拟数字人的生成和智能化应用方面展现出强大的技术优势。通过先进的大模型技术，腾讯云能够利用 3 分钟的视频素材和 100 句语音素材快速创建虚拟 IP 形象和音色库。这种高效的生产能力使虚拟数字人的生成更加便捷和个性化。此外，腾讯云的大模型收集了多个行业的丰富数据，包括银行、证券、保险、教育、政务、传媒、文化旅游、运营商及交通出行等，在多样化的业务场景中展现出强大的适应能力。通过整合自然语言处理、知识图谱、计算机视觉等 AI 技术，腾讯云提高了虚拟数字人和用户之间的交互体验，实现了更加自然流畅的智能对话和互动。

基于华为云盘古大模型开发的、号称"数字内容生产线"的 MetaStudio，用户仅需上传一段本人讲话的视频，就能在 3 个工作日内训练出与本人讲话习惯相符且口型准确率超过 95% 的数字分身。此外，MetaStudio 还支持数字分身的声音定制、视频录制、视频直播、智能交互等，从模型训练到内容生成，提供端到端的自助服务，以及可视化批量任务管理，如图 3-12 所示。华为云的虚拟数字人平台专注于企业代言、电商直播、新闻播报、教育培训以及智能客服等领域，致力于为不同行业提供场景化解决方案。

图 3-12　MetaStudio 生成的数字分身效果图

这些技术的发展不仅使虚拟数字人的生成更加高效和经济，同时为各行业提供了多样化的应用场景。通过将虚拟数字人与大模型结合，企业能够更灵活地满足市场需求，实现从节约成本到服务升级的全面转型。随着技术的不断进步，虚拟数字人和大模型的协同效应将进一步推动各行业的智能化发展，为未来的数字经济创造更多价值和可能性。

大模型与虚拟数字人的结合改变了传统技术的冰冷工具的形象，凭借"有趣的灵魂，好看的皮囊"成为深入人心的智能伙伴，为人类提供有趣的对话或者具有深度的信息或知识，"甚至在孪生移情中，人们可能使合成型生命体人格化，把它们看作最好的朋友"[①]。大模型与虚拟数字人结合，可以根据用户的行为和偏好，识别和分析用户的情绪状态，从而使用户感到被理解和支持，使交互体验更加自然和流畅。

此外，AI技术飞速发展，虚拟数字人与数字生命逐渐成为社会关注的热门话题。例如，在2024年商汤科技年会上，已故创始人汤晓鸥教授的虚拟数字人"现身"于公众视野，为与会者带来了一场"时空交汇"式演讲。汤晓鸥教授的虚拟数字人形象精准地再现了他生前的形体外貌，并具有标志性的"汤式幽默"风格。无论是引经据典的类比分析，还是喝水的瞬间，都让观众们深受触动，AI在数字世界中成功地"复活"了汤晓鸥。

虽然当前大模型的发展仍面临一些问题，包括能耗过高、开放性与透明度不足、响应速度与实时交互需求之间存在差距，以及对跨语种问答的支持度有限等，但这些问题整体上未能削弱社会对AI发展的乐观态度。因为对于使用智能技术加持人的体质和能力，人们始终抱有美好的期待，这与人类对

---

① 出自《赛博人：数字时代我们如何思考、行动和社交》，作者约翰·苏勒尔。

不断演进的追求是相辅相成的[①]。在虚拟数字人领域,大模型从本质上解决了制作成本和内容输出两大难题,完成了"降本增智"改造,这无疑将进一步提高社会对虚拟数字人技术的预期。

借助大模型,虚拟数字人得以不断学习人类的语言、情感和行为模式,或将内生出自己独特的世界观和价值观,以及像人一样的文化适应性,并不断朝自我进化的方向迈进[②]。围绕虚拟数字人,数字生命、数字永生、人机共生等方面的科幻小说般的畅想似乎已经照进现实。

3.3.2 大模型拓展数字虚拟人的落地场景

当虚拟数字人遇上大模型,创新的应用场景不断涌现。虚拟数字人已经走出了早期"非主流"或"小众"的定位,从游戏、动漫、影视、音乐等泛娱乐领域破圈,而主流市场正在积极顺应数字化转型大趋势,构想"数智人"带来的多元可能性[③]。大模型可以通过角色塑造、脚本对话等方式为用户带来不同的对话体验[④]。

在教育领域,装配大模型的"数字教师"能够整合多学科知识,从学生的学习需求出发,根据学生的学习习惯和思维能力,提供定制化的学习资源和教学方案,从而实现精准教学和大规模因材施教。大模型不仅能够传授知识,还能通过模拟解决复杂问题的过程,培养学生的探索性思维和实践能力,推动教育模式从单向知识传播到双向思维互动的转变,即从"传授式教学"转

---

① 出自《何以为人?——AI 兴起与数字化人类》,作者杜骏飞。

② 出自《虚拟数字人:模因论的新"锚点"》,作者张丽锦、吕欣。

③ 出自《取"人"之长:虚拟数字人在科普中的应用研究》,作者蔡雨坤、陈禹尧。

④ 出自《大模型时代》,作者龙志勇、黄雯。

向"探究式共学",突出学生的主体性、能动性以及应用知识的能力。

对于教师群体而言,大模型可以将他们从重复性劳动中解放出来。传统的课业批改和教案制作等工作会耗费教师大量的时间和精力,教学系统的运转效率难以提升,教学效果难以实现质的转变。大模型可以作为教师的智能助手,高效、成批次地批阅作业,基于课业和考试数据分析班级学情,为教师提供指导和建议,提高教学活动的质量和效率。摆脱了冗余事务,教师可以专注于创造性教学设计和引导学生个性化发展。

例如,清华大学以千亿级参数多模态大模型 GLM 为技术底座,研发出多个全天候支持个性化学习和智能评估反馈的 AI 助教系统,已在不同学科的教学实战中试点。据悉,AI 助教系统现已被广泛应用于协助学生高效完成大型作业(论文或课程报告),该系统深度整合了教师所提供的教材、习题集及最新研究成果等资源,实现了对关键知识点的精准提炼与自动化抽取。依托强大的知识库,AI 助教系统能够显著提升通用答题模型的准确性,将正确率由 80% 提升至 95%,并附详尽的答案解析,以加深学生对知识的理解和掌握程度。教育部公布的首批"人工智能 + 高等教育"应用场景典型案例名单如图 3-13 所示。

没有围墙的学校、没有边界的课程、没有时限的课堂,这些普惠式教育愿景,因大模型在互动教学方面的巨大潜能被激发出来。在学校教学缺乏效率与个性化的现实面前,智能教育被视为摆脱传统教育困境的可行出路[1]。虚拟数字人将全面赋能教育领域,从学生个性化自主学习到教师角色的转变,从教育资源优化配置到教学模式全面革新,人机协同共生的教育新生态曙光已现。

---

[1] 出自《社会技术想象视域下 ChatGPT 的"媒介神话叙事"——基于微信公众平台的计算机辅助内容分析》,作者高鑫鹏、李娜。

序号	学校	案例
		首批"人工智能+高等教育"应用场景典型案例名单
1	北京大学	口腔虚拟仿真智慧实验室的建设与应用
2	清华大学	清华大学人工智能赋能教学试点
3	北京航空航天大学	人工智能赋能的全过程交互式在线教学平台
4	北京理工大学	知识图谱驱动的智慧教学系统建设与应用
5	北京邮电大学	"码上"——大模型赋能的智能编程教学应用平台
6	北京师范大学	创新"AI+"课堂教学智能评测
7	中国传媒大学	AIGC赋能传统文化传承与创新
8	哈尔滨工业大学	人工智能技术在自主学习模式下电工电子实验教学中的应用
9	华东师范大学	水杉在线：大规模个性化全民数字素养在线学习提升平台
10	东南大学	大学物理课程智慧AI助教系统
11	浙江大学	新一代科教平台（"智海平台"）赋能知识点微课程教育
12	华中科技大学	构建智能学业预警与协同帮扶机制，助力学生成长
13	华中农业大学	"有教灵境"智慧实验室实验教学管理系统
14	华中师范大学	人工智能赋能教与学——基于小雅平台的智能场景创设
15	西安交通大学	首创教学质量实时监测数智平台，创立采评督帮"四精模式"教学管理新机制
16	西安电子科技大学	打造AI赋能督导新模式，启动教学质量提升新引擎
17	西北农林科技大学	作物智慧生产实践
18	国家开放大学	基于AI技术的大规模个性化英语教学创新实践

注：按学校代码排序。

图 3-13　教育部公布的首批"人工智能＋高等教育"应用场景典型案例名单

在医疗领域，大模型可用于疾病诊断与预测，通过分析大量的医疗数据，包括患者的病史、症状、检查结果等，大模型能够较为准确地筛查疾病，并预测疾病的发展趋势，提高早期诊断的准确性。已有研究指出，在癌症诊断领域，神经网络预测模型的分析结果可作为治疗方案的参考和决策依据[1]。利用人工智能对碎片化医学信息进行整理分析，可显著改善医疗健康服务，并缓解医疗卫生资源配置不均衡问题[2]。

大模型的一个主攻方向是医学影像（如 X 光、CT 扫描、MRI 等），这部

---

[1] 出自《神经网络预测模型辅助诊断结直肠癌微卫星状态的研究》，作者郝俊、王帅、朱军。
[2] 出自《人工智能辅助诊疗发展现状与战略研究》，作者孔鸣、何前锋、李兰娟。

分数据在整体临床数据中占比高达 80%，深入挖掘并充分利用这些影像信息，对于推动临床智能诊断、智能决策系统的发展，以及疾病预防工作的实施具有极其重要的价值。然而，与自然界中的图像相比，医学影像呈现出更为复杂的纹理特征。并且，受限于成像技术和成像设备，医学影像往往伴随较大的噪声，边界模糊，给医生的诊断带来不小的挑战。深度学习模型具有良好的图像特征提取能力，能够对人类难以分辨和容易忽略的特征进行准确提取和有效分析，从而获得更高的准确率，促进决策合理化。

中山大学团队依托中山眼科中心眼病防治全国重点实验室平台，于 2017 年研发出"先天性白内障人工智能诊断决策平台"CC-Cruiser，用于先天性白内障的诊断和风险评估，并提供治疗建议。中山团队认为"人工智能代理和部分眼科医生的表现同样出色"，该团队不仅开创了全球首个人工智能门诊，还联合全国多家眼科门诊对 CC-Cruiser 的临床效果进行验证。结果显示，尽管 AI 诊断的准确度（87.4%）与人类医生（99.1%）仍存在差距，但耗时明显缩短，且患者满意度较高，表明 CC-Cruiser 已具备协助人类医生进行临床实践的能力，预计可大幅提高临床工作效率。该项研究也被 *IEEE Spectrum*（《科技纵览》）杂志评选为影响全球医学界的 11 大 AI 事件之一。

面对信息技术的突飞猛进，医学领域主动适应并加速推进数字化转型，带动了数字医学的兴起。随着虚拟数字人数据集构建技术的日益成熟，以及整体与局部应用器官数据集的不断推出，虚拟数字人在临床医学及相关领域的应用范围持续拓展，中国数字医学的应用研究正步入加速发展的快车道。具体而言，虚拟数字人具备"替代人类参与"的能力，在有害、有损伤，甚至危及生命的环境下，能够替代人类参与生物或物理测试，以收集生理反应的相关数据和资料[1]。

使用先进的数字解剖学和虚拟现实技术能构建数字人体模型，如图 3-14 所示，该模型具有逼真的视觉空间，能供科研人员测试、调控，并模拟各种物理和生理反应。其精准的解剖结构可用于术式和入路的精确评估，为医生提供术前预习和练习平台，并辅助进行术后恢复评估。此外，借助附有传感器的可穿戴设备，虚拟数字人还可以成为真实人体的数字孪生，以便持续性地收集人体健康数据，帮助医生追踪患者的健康情况，制定精准的治疗方案，提高手术成功率和治疗效果[2]。

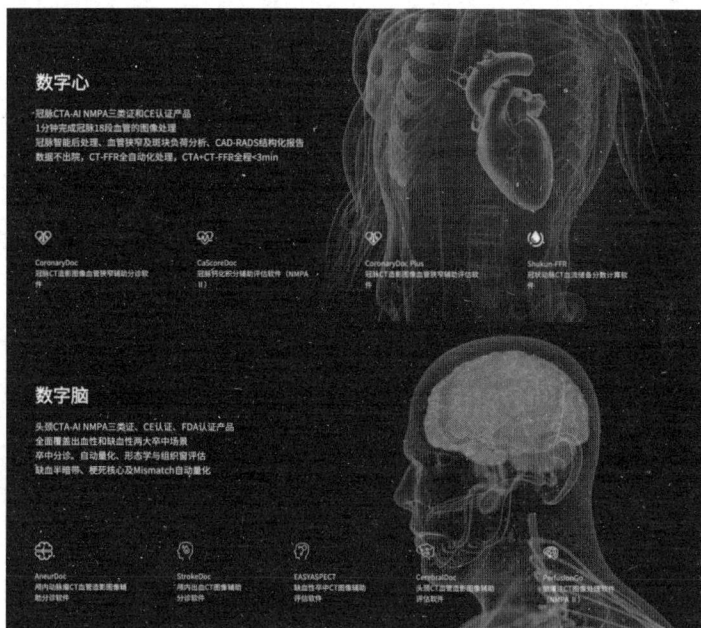

图 3-14 数坤科技"数字人体"模型

---

① 出自《中国数字人和数字医学研究概述》，作者谢叻、顾冬云、谭立文。

② 出自《赋能与"赋魂"：数字虚拟人的个性化建构》，作者杨名宜、喻国明。

在健康科普与私人健康管理方面，与大模型结合的虚拟数字人同样大有可为。虚拟数字人可以将医学文献和权威健康指南转化为通俗易懂的信息，为用户提供科学、准确的健康知识和建议，并能够根据用户的特定需求，实现健康内容定制，增强公众的健康意识和健康管理能力。同时，虚拟数字人可以作为数字私人医生，通过持续监测用户的生活习惯、生理数据和医疗记录，提供个性化的健康咨询和管理方案，预测健康风险。一旦监测到异常数据，虚拟数字人就能及时提醒用户采取预防措施，甚至在必要时协助用户与专业医疗人员沟通，确保用户获得及时和适当的医疗服务。虚拟数字人的可访问性和便捷性意味着用户可以随时随地获得健康支持，为公众的健康管理提供了极大便利。简言之，引入虚拟数字人是医疗领域对人本模式的回归，未来，虚拟数字人医生、机器人医生与生物人医生之间将基于"虚实分工"与虚实互动，构建起平行化医学与智慧医疗的新框架[1]。

在泛娱乐领域，将虚拟数字人与大模型结合可以为用户提供前所未有的交互体验。对于虚拟数字人而言，肢体语言、面部表情以及各种非语言暗示都"触手可及"，这些人性化要素能使虚拟数字人与用户产生深层次、人格化的联结，让用户对虚拟数字人产生情感层面的认同。因此，无论是对于电影（虚拟演员）、游戏（智能NPC）还是音乐舞蹈（虚拟偶像），虚拟数字人都能以生动的形象与高拟人的表演及互动，达到近似甚至超越人类演员的效果。从这个角度上讲，虚拟数字人拓展了当代人类的精神领域[2]。

拥有大模型"智脑"的虚拟数字人还将赋能更多领域，如智能制造、智慧城市、航空航天等。作为人类智慧的延伸，"数智人"将助力各行各业实现

---

[1] 出自《平行医生与平行医院：ChatGPT与通用人工智能技术对未来医疗的冲击与展望》，作者王飞跃。

[2] 出自《数据空间虚拟人的社会构境、表象症候及应对策略》，作者金俊铭。

智能化升级，推动经济社会全面发展。此外，通过将大模型与虚拟现实（VR）及增强现实（AR）技术结合，用户能够获得更为沉浸的体验。这种方式不仅在娱乐领域得到了广泛应用，还在教育和职业培训等领域展现出了巨大的潜能。随着虚拟数字人社会角色的拓展，各种新型数字服务也将被进一步推广，如虚拟数字人客服、虚拟数字分析师、虚拟数字伴侣、虚拟数字疗愈师等，旨在打造有温度的模型交互，改善人类生活福祉。

3.3.3 虚拟数字人加持大模型的伦理隐忧

大模型时代到来，电影中 AI 俘获人类思维的场景似乎照进了现实，在整个社会叙事中存在不自觉的、科技与科幻相混淆的迷思[①]。科幻作品中的 AI 形象是人们认知 AI 世界的重要参考，是客观技术转化为人们认知结果的重要路径[②]。在《黑客帝国》《西部世界》等科幻作品中，AI 觉醒，甚至操控人类的场景被一些网络意见领袖描述为大模型发展的可能后果，科技界名流也是"AI 威胁论"的助推者，例如，马斯克多次强调"ChatGPT 好得令人害怕，我们离危险而强大的 AI 不远了"。AI 是否值得信任？AI 是否会发展出自主意识？AI 能否被安全地置于人类控制之下？这些伦理争议成为社会广泛关注与讨论的焦点。

拥有智脑的虚拟数字人会逐渐成为人类和机器人的代理，将给人机传播带来结构性变革，学界担心其中可能蕴含着颠覆性伦理风险[③]。

一方面，大模型可以为虚拟数字人创造栩栩如生的面孔，以至于在很多

① 出自《人工智能科幻叙事的三种时间想象与当代社会焦虑》，作者王峰。
② 出自《"媒介形象"研究的理论背景、历史脉络和发展趋势》，作者王朋进。
③ 出自《人机何以共生：传播的结构性变革与滞后的伦理观》，作者陈昌凤。

情况下，人们无法将其与真实的面孔区分。在一个分辨真假面孔的测试中，研究人员发现，人们更倾向于信任假面孔，因为 AI 合成的面孔看起来更"普通"，更符合人们认知中的"典型"面孔，就连训练有素的观察者也逃不过 AI 的"蒙骗"。随着虚拟数字人的普及，这类"数字伪像"或将衍生出诸多欺诈现象，亟待有关机构制定相应的规范[1]。

另一方面，人类将不得不面对充满 AIGC 和虚拟数字人的信息环境，让原本就虚假信息丛生的网络生态又蒙上了一层信任迷雾。由于数据源质量不高、算法模型有局限性，以及开发者或用户可能存在恶意使用情形，虚拟数字人可能会误导用户，引发不良舆情，影响社会信息系统的正常运行[2]。特别是对于青少年群体，各类虚拟偶像备受推崇，已成为很多人不可或缺的精神伙伴，重塑了他们的基本经验获取与感知模式[3]。正因如此，青少年消费虚拟数字人的热情很高，而虚拟数字人在塑造青少年价值观、道德素养和行为方式等方面展现出极强的影响力，需要家长、学校以及相关部门予以重视，适时采取干预措施，以确保虚拟数字人积极引导青少年成长。

此外，大模型的广泛应用也加剧了虚拟数字人在隐私保护、数据安全、知识产权等领域面临的挑战[4]。

在隐私保护方面，大模型的个性化定制功能高度依赖用户数据的收集与分析。在与虚拟数字人交互时，用户的所有输入都会暴露个人习惯和偏好，这些敏感数据被系统捕捉、录入数据库并投喂给大模型，存在泄露个人隐私的风险。大模型通常被视为黑盒，其内部工作机制难以理解，这让隐私保护

---

[1] 出自《"虚拟数字人"概念：内涵、前景及技术瓶颈》，作者简圣宇。

[2] 出自《虚拟数字人的传播风险与社会行动者治理》，作者郭栋。

[3] 出自《数字亲密：虚拟偶像崇拜中的亲密关系研究》，作者付森会。

[4] 出自《虚拟数字人 IP 化法律问题及其知识产权保护应对》，作者芦琦。

的监管变得更加困难。

在数据安全方面,如果大模型对训练数据集使用不当,则还会对企业经营和生产安全造成严重影响。例如,三星集团在使用 ChatGPT 不到 20 天的时间里,就发生了 3 起机密数据泄露事件,涉及半导体设备测量资料、产品良率等信息,以至于启用"紧急措施",规定在使用 ChatGPT 时,提示词不得超过 1024 字节。韩媒猜测,三星集团泄露的机密资料已经被完整地传至美国,存入 ChatGPT 的学习数据库[1]。

在知识产权方面,AI 生成内容的版权归属问题在学理和实践中仍存在诸多争议。公开信息显示,2023 年 12 月 27 日,《纽约时报》一纸诉状将微软和 OpenAI 告上法庭,指控两家科技公司侵犯了自家版权。据《纽约时报》所述,微软和 OpenAI 在未经许可的情况下,擅自利用其内容开发 AI 产品,这些产品已经接受了数百万条《纽约时报》内容的训练,并以此为基础向客户提供服务并获取经济收益。微软和 OpenAI 不仅分走了原本会流向《纽约时报》的网络流量,还对其在广告、阅览许可及订阅等方面的收入产生了严重影响。《纽约时报》开创先河,成为第一家起诉 AI 科技公司侵权的美国大型媒体。

在此之前,已有艺术家带头对 AI 绘画公司 Stability AI、Midjourney 以及绘画艺术平台 DeviantArt 提起法律诉讼。他们指控这些机构涉嫌"侵犯了数百万名人类艺术家"的创作版权,要求维护艺术创作的合法权益。游戏设计师 Jason Allen 使用 Midjourney 生成的绘画作品"太空歌剧院"如图 3-15 所示。

---

[1] 出于 CSDN.《三星引入 ChatGPT 不到 20 天,被曝发生 3 次芯片机密泄露》。

图 3-15　游戏设计师 Jason Allen 使用 Midjourney 生成的绘画作品"太空歌剧院"

—— 第 4 章 ——
伦理风险与应对方案

4.1 法律风险

虚拟数字人具有虚拟性和权属匿名性等特点，其权益保护在一定程度上受到网络技术的制约。在用现有的法律来确定虚拟数字人相关犯罪的责任归属时，无论是采用属人管辖原则还是属地管辖原则都不能完全适用。虚拟数字人是否具有财产属性？如何界定其所有权与使用权？哪些行为是对虚拟数字人的侵权？造成损失后要如何衡量损失的价值？这些问题都需进一步探讨。人工智能系统能够融合人的声音、表情、肢体动作等，以模仿他人的声音、形体动作等，而 ChatGPT 的出现带来了技术的质变，目前，已经出现了虚拟数字人与 ChatGPT 相结合的项目，虚拟数字人可以像人一样表达，但如果未经他人同意而擅自进行上述模仿活动，就有可能构成对他人权利的侵害。

由人工智能引发的侵权责任问题也亟须重视，随着人工智能的应用范围越来越广，其引发的侵权责任认定和承担等问题将对现行的侵权法律制度提出越来越多的挑战，无论是机器人致人损害，还是人类侵害机器人。如果人工智能因被错误地使用或配置不当而对人类造成伤害，那么责任是否都由其研制者承担？如果法律承认人工智能机器人的法律主体地位，那么人工智能机器人是否能够独立承担民事责任？只有积极回应新兴的科学技术所带来的一系列法律挑战，才能推进科学立法，进一步完善法律体系。

虚拟数字人的数据保护问题并不限于财产权的归属和分配问题，还涉及这一类财产权的安全问题，特别是涉及国家安全。计算机软件属于著作权的客体，数据挖掘等智能化分析行为的代码可纳入知识产权保护范围，即未经许可复制或爬取他人享有著作权的在线内容，属于著作权侵权。对于数据挖掘等智能化分析行为的代码是否构成软件代码，在实际中，法官有一定的自由裁量权。目前，AIGC 作品已经达到兼具美感与实用的效果，AI 作画工具创作的《空间歌剧院》（*Théâtre D'opéra Spatial*）获得 2022 年美国科罗拉多州博览会数字艺术类比赛的第一名，AIGC 在创作过程中需要收集、存储大量的他人作品，如果 AIGC 使用了已享有著作权的作品，就可能构成侵权，而由谁来承担侵权责任等有关知识产权的保护问题还有待商榷。

4.1.1　深度合成的边界

利用深度合成技术实现人脸再现（Face Re-enactment），可以轻易操纵和改变目标对象的脸部表情和神态，让其按照给定的文本"说话"，深度学习与语音克隆技术的结合可以让人脸伪造达到真假难辨的程度。这种伪造行为被称为"深度伪造"（Deepfake）。

虚拟数字人也属于深度合成技术的产物。关于虚拟数字人的法律属性，目前存在多种学说，有物权说、债权说、知识产权说、新权利说等。由于像高级官员、企业家和明星这类公众人物的社会影响力大、关注度高、存在大量可获得的公开声音和视频素材等，因此他们很容易成为深度伪造的目标对象，观众在官员、企业家、明星的公信力光环下，容易丧失辨别能力，可能对虚假信息信以为真，进而造成虚假信息的大量传播，甚至在社会上引起仇视、恐慌、愤怒等负面情绪。

深度合成的范围需要被清晰地界定，即哪些资源是可以利用的，如图书、音乐、绘画、雕塑、电影、计算机程序、数据库、广告、地图和技术图纸等。现有的知识产权法需要根据深度合成的技术特点来制定适用于虚拟数字人深度合成的特别法。如果对深度合成的抓取范围进行讨论，就要根据深度合成的成品属性来定性深度合成是否属于加工承揽关系或其他法律关系。

2022年1月，国家互联网信息办公室审议通过《互联网信息服务深度合成管理规定（征求意见稿）》（下文简称《征求意见稿》），如图4-1所示。

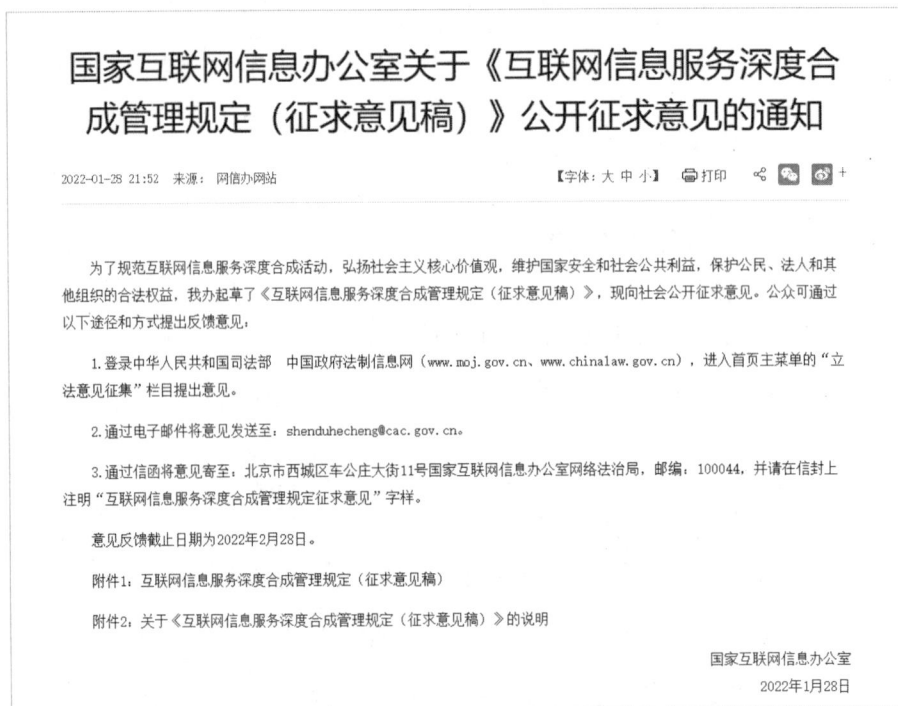

图 4-1　国家互联网信息办公室关于公开征求意见的通知

《征求意见稿》主要对哪些内容属于深度合成范围进行了定义：深度合成

技术是指利用深度学习、虚拟现实等生成合成类算法制作文本、图像、音频、虚拟场景等网络信息的技术。三维重建、数字仿真等生成或编辑数字人物、虚拟场景的技术也都属于深度合成技术。对于虚拟数字人,其法律管辖范围的描述采用了提示性列举与兜底式表达相结合的方式,旨在扩大针对虚拟数字人的监管范围,并适应快速发展的虚拟数字人技术。《征求意见稿》要求对深度合成服务的提供者和使用者进行审核,定时审查深度合成服务的输入数据和合成结果。同时,要求深度合成的内容需有明显的识别标志,并取得被编辑个人信息的主体的单独同意。

2022 年,我国最高人民法院发布了 9 例与人格权相关的具有重大社会影响的典型示范意义的案件,如图 4-2 所示。其中的 AI 软件侵害人格权案、人脸识别装置侵害邻居隐私权案都为虚拟数字人技术的监管提供了法律判例。在 AI 软件侵害人格权案中,被告是运营某款智能手机记账软件的厂商,原告何某系公众人物。在原告未同意的情况下,该软件中出现了以原告姓名、肖像为标识的"AI 陪伴者",同时该平台还为用户提供该"AI 陪伴者"的陪伴服务。北京互联网法院经审理认为,被告未经原告同意使用原告姓名、肖像,设定涉及原告人格自由和人格尊严的系统功能,构成对原告姓名权、肖像权、一般人格权的侵害,判决被告向原告赔礼道歉并赔偿损失。

在现实世界中,一个人的属性、身份、影响力绕不过其长相和声音。随着技术的发展,超写实虚拟数字人可以让人"真假难辨",这样一来就产生了两个问题:首先,如何界定虚拟数字人(特别是超写实虚拟数字人)的行为边界和信誉?其次,如何有效防范和打击盗取他人的人脸信息,制造和散播虚假信息的行为?是否会有人利用深度伪造的幌子为自己的违法行为开脱?

民法典颁布后人格权司法保护典型民事案例

来源：最高人民法院　　发布时间：2022-04-11 14:03:46　　　　字号：＋ □ 　 ⊖ 打印本页

民法典颁布后人格权司法保护典型民事案例

目录

1.变更未成年子女姓名应遵循自愿和有利成长原则

——未成年人姓名变更维权案

2.养女在过世养父母墓碑上的刻名权益受法律保护

——养女墓碑刻名维权案

3.用竞争对手名称设置搜索关键词进行商业推广构成侵害名称权

——网络竞价排名侵害名称权案

4.人工智能软件擅自使用自然人形象创设虚拟人物构成侵权

——"AI陪伴"软件侵害人格权案

5.具有明显可识别性的肖像剪影属于肖像权的保护范畴

——知名艺人甲某肖像权、姓名权纠纷案

6.金融机构长期怠于核查更正债务人信用记录可构成名誉侵权

——债务人诉金融机构名誉侵权案

7.未超出必要限度的负面评价不构成名誉侵权

——物业公司诉业主名誉侵权案

8.近距离安装可视门铃可构成侵害邻里隐私权

——人脸识别装置侵害邻居隐私案

9.大规模非法买卖个人信息侵害人格权和社会公共利益

——非法买卖个人信息民事公益诉讼案

图 4-2　典型民事案例

深度伪造技术就曾被用来伪造名人的色情影片、虚假新闻，例如，2018年 4 月，网络上曾流传出一段奥巴马攻击特朗普的深度伪造视频，这段视频是制作者用来揭示深度伪造技术的危害的。深度伪造技术引起了人们对真实视频的怀疑。如果深度伪造技术的风险不能被有效控制，那么人类会成为"不辨假、不信真"的矛盾体，政府部门和媒体机构也将不得不投入更多的人力、物力以防范深度伪造可能带来的危机。在创造虚拟数字人时应尊重人类的人格权。只有经过充分告知他人并获得他人明确授权后，才能复刻人类形象。虚拟数字人必须遵循现实世界的法律及伦理规范。最后，虚拟数字人应以人为中心，尊重和维护人类的自主权。同时，在对虚拟数字人的设计与管理中，人类对该技术的使用应是可审计的，并被纳入企业可举报的范畴，以便受到现有规则的保护。在虚拟数字人系统的开发中要尽可能考虑各类人群的需求，例如，患有心理疾病的人群能够通过虚拟数字人的交互模式获得实时的心理健康监测。此外，通过完善系统，可有效防范虚拟数字人可能遭遇的数据安全攻击，从而确保所有用户的数据安全和隐私保护。

《中华人民共和国著作权法》（以下简称《著作权法》）第十条规定了著作权有十七项子权利，其中的两项权利非常重要：信息网络传播权和改编权。

- "信息网络传播权，即以有线或者无线方式向公众提供，使公众可以在其选定的时间和地点获得作品的权利。"
- "改编权，即改变作品，创作出具有独创性的新作品的权利。"

这两项权利在后文还会提到。虚拟数字人需要大量抓取图像、视频等受著作权保护的基本元素，但现阶段法律对肖像权的定义仅涉及面部，如果拍摄的是身体的其他部位，则暂时未涉及侵犯肖像权。如果视频还涉及剪辑、音乐、渲染等再次创作，那么要想合法使用，还需要征得原作者的同意。

《著作权法》对于合理使用做了有限规定，仅有十三种情形被视为合理使用。《中华人民共和国著作权法实施条例》第二十一条明确规定，依照《著作权法》有关规定，使用可以不经著作权人许可的已经发表的作品的，不得影响该作品的正常使用，也不得不合理地损害著作权人的合法利益。

4.1.2 隐私安全的保护

人工智能技术的发展依赖对海量数据进行采集和分析，虚拟数字人的创建可能需要借助真实个体的身份信息，包括年龄、性别、职业等，超写实虚拟数字人和写实虚拟数字人还要使用真实的面部数据、动态数据甚至是声音数据。对逼真度的追求将使计算机抓取的信息颗粒度越来越细，从而使人的隐私完全暴露在计算机系统和虚拟空间中。继社交平台、新媒体平台之后，聚集着大量用户私人数据的虚拟数字人平台成为黑客攻击和网络敲诈勒索目标的风险也随之上升。

与社交平台和新媒体平台相比，虚拟数字人应用平台所掌握的数据具有高精密性、高私密性，盗取隐私数据相关的违法犯罪行为又具有隐匿性、突发性。因此，生物特征数据的泄露可能造成更大的社会和经济损失。例如，盗取并利用个体面部特征制作人脸面具，使得违法犯罪行为难以追踪。如果将生物特征的大数据与各类网站、App 获取的地理位置、行动轨迹、聊天记录相结合，则可能掌握个人的居住地址、工作场所、出行路线、爱好，甚至人格等方面的信息，造成个人隐私的全方位泄露，而与银行卡密码、社交账号密码不同的是，个体的生物特征是相对稳定且无法立刻更改的。

虚拟数字人的价值体现在相对稀缺性上，但这种相对稀缺性是由当前技术限制而产生的，它可能会因为技术破解而不再存在。虚拟数字人本身包含用户及平台的大量隐私信息，一旦发生隐私泄露事故，它不仅会引发公众的恐慌情绪，还会使企业信誉受到严重损害，甚至引发求偿权纠纷。如何防范和应对黑客攻击，规避数据安全隐患，对处于虚拟数字人产业链上的企业、机构、政府部门提出了更高的要求，对生物特征数据库，以及网络防火墙的维护费用和对黑客攻击的防范费用在将来很可能是一笔不菲的投入。

在应用层面，与虚拟数字人相关的人工智能基础研究也会涉及隐私等伦理问题，例如，对公共数据公开共享的需求与隐私保护的矛盾。对研究单位来说，获取具有一定规模的高精度标注数据的工程成本是巨大的，而开放公共数据可以解决数据不足的难题，减少重复获取数据的开销，但是对公共数据的公开和共享行为是具有监管风险和伦理风险的。

虚拟数字人的人格特征除了具有支配性、价值性，还有与人格利益高度关联的特性，虚拟人格与一般物不同，其具有价值差异性、不可替代性。虚拟人格所附着的人格利益对于特定权利人的价值十分重要，以至于其一旦损毁、灭失，就会对权利人造成严重后果，且无法通过其他方式弥补。因为虚拟数字人的价值属性带有巨大的精神和情感价值，因此不适用善意取得制度。虚拟数字人的取得方式、保护制度受制于平台的运营规则，这与现实世界的物权保护不同，物权的对世性使得权利所有人在使用权利时不受其他权利的限制，任何其他的组织、个人、团体进行阻碍都可以被认定为违反物权法。但在虚拟世界中，虚拟数字人灭失后并不代表不能恢复，而且如果用户的操作违规，那么平台限制用户的使用权限应被认为是合理的，这与现实世界的法律保护大为不同，所以在保护虚拟数字人所包含的隐私信息时，除了公权力保护，还有其他主体不得妨碍的消极保护，以及平台的个体自我保护。

虚拟数字人在存储问题上具有双重性质，一是虚拟数字人需要借助服务器（也就是现实世界的固定存储运算设备）进行存储，二是权利所有人通过设置账号、密码等对虚拟数字人进行占有、掌控。在相当多的案例中，当权利所有人向提供虚拟数字人服务的公司索要这份虚拟财产时，如果无法提供密码或其他能够更换密码的信息，那么最终交付给权利所有人的就并非账号的全部信息，而是将特定内容（如邮件或照片）提取出来进行交付。

虚拟数字人的隐私安全保护涉及两个权益方：服务器所有者、用户。服务器所有者制定保护规则，用户负责对账户、密码进行保护。虚拟数字人具有时间、空间属性，这意味着平台的保护时间将无限延长直至平台作为企业进行清算或破产，此时，平台的维护义务由另一主体代替或直接灭失。虚拟数字人所包含的隐私信息存储在相应的服务器上，运营平台在权益交接中很容易出现保护力度不足的现象，这会导致隐私信息被窃取。此外，在权益交接中，用户向哪个主体索取赔偿也存在争议，这也是让拥有虚拟数字人的权利所有人担忧，从而限制购买虚拟数字人的原因。那么，该如何处理虚拟数字人所包含的隐私信息？是否应当由平台让渡自己那部分权利给用户，由用户全权处理虚拟数字人？这类问题也是必须要讨论的。

4.1.3 公民身份的界定

公民是指具有一个国家的国籍，并根据该国的法律享有权利和承担义务的人。国籍的取得也就是政治上对于公民身份的赋予，标志着公民成为基本民事权利的主体。虚拟数字人的权利与权利归属问题，最根本出发点就是虚拟数字人是否可以成为公民。

国籍是与国家相伴而生的产物。从狭义上讲，国籍专属于自然人，但是这个概念早已有所突破，截至本书完稿时，不仅包括自然人的国籍、法人的国籍，还包括某些法律关系客体的国籍。也就是从广义上说，国籍是指自然人、法人、某些财产（船舶、航空器、航天器等）与某一特定国家之间具有特定的关系，受该国法律影响并予以管辖的法律关系。国籍是种族、宗教、地理环境等众多因素的复合产物，虚拟数字人能否成为国籍的主体，可以从法律行为的主动与被动角度来划分。从狭义角度说，根据主体通常具有的自主性、自觉性、自为性和自律性等特点，国籍的主体只能是自然人。随着国际法理论和实践的发展，从广义来说，法人、船舶、航空器、航天器在国际法律关系中也享有一定的权利，承担一定的义务，为了更好地对这几种主体进行规制，应当把法人、船舶、航空器、航天器视为国籍的主体。但是，自然人、法人、船舶、航空器、航天器之间仍有区别，船舶、航空器、航天器在一般的法律关系中只能作为权利客体，因此，应该把船舶、航空器、航天器视作国籍的准主体。这种根据国际法理论和实践的发展而不断更新旧有观念的论点更能体现主体在国籍范畴中的实际内涵①。这种广义说的国籍主体理论对虚拟数字人立法有重要的参考意义。

国籍的起源是为了便于判定资本所有权的归属。这一逻辑同样适用于作为资产的虚拟数字人。2017 年 10 月 26 日，沙特阿拉伯授予中国香港汉森机器人公司开发的类人机器人索菲亚公民身份，索菲亚成为历史上首个被承认国籍的机器人。如图 4-3 所示，索菲亚拥有人的外观、行为等特征，能够与人沟通，有自己的深度学习模式，可以说是虚拟数字人在现实世界的外化产物。由此来看，虚拟数字人也可以成为国籍的主体。虚拟数字人能否成为国籍的主体也是虚拟数字人能否具有婚姻家庭法律关系的前提。在婚姻制度中，首先确立虚拟数字人是否享有该国国籍，再来讨论根据该国国内法，其婚姻家庭法律关系是否产生、是否变更、是否消灭。

图 4-3　首个获得公民身份的机器人索菲亚

国籍的取得体现平等原则。首先，国籍是一个国家内部事务，即国家将国籍赋予谁是其他主体不能干涉的，并且被赋予国籍的主体之间是平等的。

---

① 相关内容参考李双元等主编的《现代国籍法》。

其次，国籍代表国与国之间的平等，无论拥有哪一个国家的国籍，都不能因为其国籍不同而被歧视对待，在国际事务上应该被一视同仁。国家不因大小、贫富、强弱而有所区分，各国国民在国际法层面上所享有的权利、承担的义务是平等的。

4.1.4　虚拟数字人对婚姻制度的影响

借助虚拟空间的便捷条件，越来越多的人在虚拟空间寻求心理慰藉。通过虚拟世界结识并成为恋人，甚至缔结良缘的也不在少数。其中"网婚"、结成"侠侣"或"CP"的情况屡见不鲜，在虚拟空间出现的因情感纠葛导致的法律问题对现有法律造成了很大冲击。随着人工智能技术的发展，虚拟数字人能否成为婚姻家庭法律关系的主体，以及现实中的婚姻制度要如何修改才能兼容人工智能的发展，这些问题都是需要人们关注的。

自然人与虚拟数字人的关系超越现实夫妻的关系在客观界定上存在困难，即使对于虚拟数字人十分喜爱，沉迷于此，根据《中华人民共和国民法典》（以下简称《民法典》）中的相关法条，沉迷网络、迷恋虚拟数字人并不能成为提起离婚诉讼的理由，并且即使与虚拟数字人结婚，也不构成重婚罪。随着科技的发展，元宇宙与现实世界的边界越来越模糊，无限向实，无限向虚，虚实融合，未来的婚姻制度肯定会因为人工智能做出相应调整，在很大程度上会允许虚拟数字人与现实世界的自然人构成婚姻关系。英国《每日邮报》曾报道过女子与自己的爱犬结婚，英美法系暂时没有认可人类与不同物种的婚姻关系。

如果虚拟数字人可以作为婚姻关系的主体，那么不可避免地将涉及对虚拟数字人的不真实性、商业性、性别不确定性的讨论。我国法律仅对婚姻关系主体的年龄、性别、落实一夫一妻制度有要求，并无禁止虚拟数字人作为婚姻关系主体的相关规定。根据"法无禁止即自由"的原则，现有法律是允许虚拟数字人作为婚姻关系的主体的。限制虚拟数字人成为婚姻关系主体的关键是在民政局进行登记的时候，结婚的男女双方需要亲自到婚姻登记机关进行结婚登记。民政部门确认婚姻关系主体符合法律规定，才会予以登记，发给结婚证，在法律上确立婚姻关系。而虚拟数字人还无法满足"亲自"到民政部门领取结婚证的条件，这也是其无法成为婚姻关系主体的一个原因。

虽然现有技术无法给虚拟数字人提供"亲自"到现场的条件，但现有的技术困境其实也为立法预留了一些空间，毕竟是否承认虚拟数字人的公民身份，是否赋予虚拟数字人同等于现实世界自然人的民事权利都还需要进一步讨论，并且根据民法的公平原则，权利和义务是对等的，如果给予虚拟数字人民事权利，那么虚拟数字人就需要承担相应的义务，如果不能够承担相应的义务，那么赋予虚拟数字人民事权利就不符合公平原则，应予收回。

截至本书完稿时，虚拟数字人已渐渐融入我们的生活中，无论是在国内还是在国外，元宇宙、虚拟数字人的关注度都在急剧上升，迫切需要完善相关立法。2021 年作为元宇宙元年，虚拟数字人生成技术迅速发展，其技术被应用到客服、自媒体直播、代言等诸多领域。AI 驱动的虚拟数字人，以及通过面部捕捉软件细化到头发丝、微表情的超写实虚拟数字人加入虚拟数字人的浪潮中，成为吸引、陪伴用户的亮点，这些尝试创造了巨大的商业价值。陪伴服务类虚拟数字人将越来越贴合用户需求，提升用户参与度，重视与用户的情感深度融合。随着商业投入加大，后期用户可能会为了购买更优质的服务而支付相应的费用。无论是情感的沉迷还是财产的巨大支出，未来虚拟数字人都会挤压分配给配偶的时间和情感，给现实世界婚姻制度带来一定的挑战。

夫妻忠诚义务有广义、狭义之分，狭义上是指夫妻之间互守贞操，无婚外性行为，广义上不仅包括夫妻互守贞操，无婚外性行为，还包括夫妻不得恶意遗弃配偶，不得为第三人的利益牺牲、损害配偶的利益。夫妻忠诚义务既有法律保护，也有道德保护。在司法判例中，一般遵循违背夫妻忠诚义务的一方少分财产、照顾无过错一方的原则。在北京市第二中级人民法院审理的某离婚案件中，法院根据女方出示的照片及视频，认定男方存在婚内出轨行为，违背夫妻忠诚义务，但女方提供的现有证据不足以证明男方与案外女子持续、稳定地共同生活，因此男方不构成与他人同居的情形。同时，考虑到男方在婚姻存续期间存在出轨行为，对双方感情破裂负有严重过错，女方在本次婚姻中属于无过错方，在分割夫妻共同财产时，综合考虑夫妻共同财产情况、男方的过错程度，酌定女方适当多分夫妻共同财产。《民法典》第一千零九十一条^①增加了"有其他重大过错"的概括式规定，可将其作为兜底条款。在具体案件中，当事人可就过错情节、伤害后果等进行充分举证，以证明是否属于"其他重大过错"，并主张损害赔偿。

事实上，现在就有很多离婚案件是因为夫妻一方或者双方沉迷电子游戏，导致感情破裂并申请离婚的。而这里面有一部分人就是过分沉浸于与虚拟数字人的情感交流，忽略了夫妻之间的感情维护。但根据我国现有法律，这还不能作为离婚起诉理由，《民法典》第一千零七十九条明确规定，夫妻一方要求离婚的，可以由有关组织进行调解或者直接向人民法院提起离婚诉讼。人民法院审理离婚案件，应当进行调解；如果感情确已破裂，调解无效的，应当准予离婚。有下列情形之一，调解无效的，应当准予离婚：（一）重婚或者

---

① 《民法典》第一千零九十一条规定："有下列情形之一，导致离婚的，无过错方有权请求损害赔偿：（一）重婚；（二）与他人同居；（三）实施家庭暴力；（四）虐待、遗弃家庭成员；（五）有其他重大过错。"

与他人同居；（二）实施家庭暴力或者虐待、遗弃家庭成员；（三）有赌博、吸毒等恶习屡教不改；（四）因感情不和分居满二年；（五）其他导致夫妻感情破裂的情形。一方被宣告失踪，另一方提起离婚诉讼的，应当准予离婚。在实务中，一般仅将前四种作为离婚起诉理由。

随着虚拟数字人技术的发展，"网婚"行为已经进入大众视野。2018 年，一名日本男子就与虚拟数字人"初音未来"非正式地结婚。"网婚"在一定程度上可以填补人在现实中的情感空白，提供心理慰藉，但是对虚拟数字人的过度沉迷现在已经开始侵蚀和破坏传统的家庭秩序。

4.1.5 虚拟数字人的财产属性

虚拟数字人的法律属性一直在理论界与实务界不断完善。深圳南山法院曾审理我国首例盗卖 QQ 号案。2004 年 5 月 31 日，被告人曾某受聘入职腾讯公司，后公司安排其到安全中心负责系统监控工作，在 2005 年 3 月至 7 月期间，由被告人杨某随机选定他人的 QQ 号并通过互联网发给曾某，曾某私下破解后，杨某将 QQ 号出售给他人，获利 61650 元。检察院以两被告构成盗窃罪起诉至法院。在此案中，QQ 号被定义为刑法意义上的"财物"，而财物的经济价值通常要以客观价值尺度来衡量，这就表示社交媒体账号（如 QQ）是有经济价值的，侵犯他人的社交媒体账号是法律打击的范围。

虚拟数字人正朝着智能化、类人化的方向快速发展。随着技术的不断进步，虚拟数字人的能力可能会超越人类，自然人制造了一个超越自身的"新型人类"，却要求其为人类服务，这违反了虚拟数字人的发展逻辑。在以往的法律问题中，无论是哪个国家的法律，其立法原则都是以人类为中心，并且将人类利益最大化，这适用于线性的时间和我们所熟知的物理空间。但是，随着虚拟数字人技术的发展，多维时空也会随着人类探索被发现，时间和空间也不再依据以经典力学为代表的物理规则，法律不但需要适应非线性多维空间，而且立法目的势必不再倾向于人类利益最大化。

设立法律的最初目的是划分个人与国家的权利，随着技术的发展，法律的价值位阶在虚拟世界中并不一定适用，虚拟世界的价值取向反过来会影响现实世界，因此在现实世界追求的平等、效率等思想观念也会受到冲击。现阶段所有的法律都是以人的利益为基础延伸的，随着虚拟数字人技术的发展，当自然人不是唯一争取利益的主体时，我们现阶段所有的法律都会失去基石。现有法律对财产属性的认定基于人类对某类物质的需求程度，以及这种需求的急迫性来衡量其是否有价值和价值大小。然而，虚拟世界的法律很可能不再由人制定，而是外化的，即根据虚拟世界的建立规则、算法形成的"法律算法"。此时，我们根据现有法律划分虚拟数字人具有财产属性是站不住脚的，我们能讨论的仅是就现有技术，虚拟数字人能够具有哪些法律属性。

民法意义上的"人格物"在《民法典》中有明确规定，《民法典》第一千一百八十三条规定，侵害自然人人身权益造成严重精神损害的，被侵权人有权请求精神损害赔偿。因故意或者重大过失侵害自然人具有人身意义的特定物造成严重精神损害的，被侵权人有权请求精神损害赔偿。人格物是指与人格利益紧密相连，虽然本身仍是物，但是因为附加了很多属于人的情感价值，体现人的精神寄托，而有特殊意义的物品，如婚戒、亲人唯一的照片等，当人格物受到侵害时，可以主张精神损害赔偿。

《民法典》也明确规定了虚拟财产受到法律保护，虚拟数字人是否可以归入虚拟财产，需要从虚拟财产的定义入手进行讨论。虚拟财产依托网络技术存在，其存在于网络世界，而不是现实世界。虚拟财产的占有、使用、收益、变更都需要网络技术的支持，不同于现实世界中的所有权（所有权即对世权），现实世界的物权使用受到阻碍时，只要经过诉讼，由法院对财产进行划拨即可，任何其他机关都无权对物权进行干涉。所有者在对虚拟财产行使权利时需要借助互联网技术，虚拟财产依靠的平台是作为管理者出现的，平台制定规则，如果使用者出现违规行为，那么管理者不是向法院提出申请，而是自己直接对虚拟财产的使用者进行处分。比如，游戏公司发现玩家违规在第三方平台互相买卖账号等，就会没收玩家装备、封禁账号。这种方式其实就是在权利所有人行使权利的过程中又对其增加了限制。虚拟财产的属性可以在《中华人民共和国民法总则》和《民法典》历史解释和体系解释中获得阐明，虚拟财产的属性多元化。因此，虚拟数字人也应具有知识产权、物权等多元属性。

虚拟数字人的研发成本、人工投入、稀缺性、使用价值等都可以作为其具有财产属性的考量因素。财产权是以财产利益为客体的民事权利，它可以分为物权与债权。现阶段在司法实践中，通常也是从物权、债权角度去划分虚拟财产的权益的。在实务中，刑事庭法官与民事庭法官在划分虚拟数字人或虚拟财产上的观点截然不同，刑事庭法官更倾向于用物权理论来论证虚拟数字人的价值，这种方式更容易将虚拟数字人的价值与现实世界的价值对等，从而对标刑事案件中的量刑标准，进而完成案件审判。民事庭法官更倾向于从合同法的角度来解决虚拟数字人、虚拟财产的属性问题。但是，如果仅从合同法角度去审理虚拟数字人、虚拟财产纠纷案件，那么在以同样的方式处理用户的请求权时就会显得无力。在对违约进行处理的时候，会因为合同一方无法履行合同义务而追究其违约责任，违约一方有责任赔偿相应损失，合同另一方主张违约金的，主张金额不得超过实际损失的30%，不同的法院甚至同一法院的不同法官对于违约金的判罚都不尽相同，自由裁量空间相对较大。按照"对世权"还是"对人权"来划分虚拟数字人的属性，比单纯依靠"物权""债权"划分更能解决虚拟数字人的归属问题，但是依然有局限性。

虚拟数字人具有财产属性，意味着它可以被人继承。研究者虽然注意到了处理虚拟财产时必须平衡用户与虚拟服务提供者之间的利益，但其并未对财产继承作任何限制。此外，虚拟数字人有强烈的人格属性，有的虚拟数字人是由现实世界的自然人上传生成的。如果不考虑平台运营商的权利，尤其是公信力，而仅从维护用户所有权的角度出发，那么即使虚拟数字人可以被继承，根据"物必有体"的原则，虚拟财产也并不必然符合所有权的要件。如果不认可虚拟数字人的财产属性，那么虚拟数字人的交易也就没有意义。平台运营商可以随意将具有人格属性的虚拟数字人或虚拟财产赋予新用户，而继承者可以滥用虚拟数字人中属于人格的信息，这其实是对原所有人权益的侵犯。故虚拟数字人的具体法律属性需要在实际技术发展成熟后再进行细化讨论。

虚拟数字人的价值其实与建立虚拟数字人投入的人力、物力、时间、空间等并不等价，虚拟数字人在构建过程中投入的成本在技术不成熟的初期较多，此时用户比较少，收回成本比较慢，在技术成熟以后，用户基数变大，用于维护的成本与前期投入相比较低，易于收回成本。总体来说，虚拟数字人的价值与成本投入是否成正比，更多地取决于市场认可程度及用户基数。

很多虚拟数字人（如游戏中的非玩家角色等）是平台免费提供给用户使用的，这是平台大量吸引用户的一条途径。平台运营商还会向用户提供其他服务，如一些国外公司允许用户免费使用虚拟数字人并制作成表情包后传播到社交平台，以扩大自己平台的影响力。但是在游戏平台中，平台运营商盈利的方式通常是提供具有稀缺性的装备、人物等，并且不可以在第三方平台进行交易，因此，用户对虚拟数字人的使用受到了限制。这样做的原因，一方面是平台运营商利用这种限制来深化自己的利益，同时便于管理；另一方面是技术所限，虚拟数字人这类虚拟财产的本质都是代码，这段代码一直保存在平台拥有所有权或者使用权的服务器上，并不能跨平台使用和转让，即使一个平台运营多个虚拟数字人或一个虚拟数字人由多个平台共同享有，用户也无权要求平台跨越服务器或系统提供服务，无权要求平台增加运营成本。

4.1.6 虚拟空间管辖权的困境

管辖权是指国家对于领土范围内或者特定事件有管理的权利，一般管辖权是基于国家主权而取得的，由于虚拟数字人及其存在的元宇宙与现实世界存在一定的映射关系，因此也具有相应的领土管辖权。2017 年起施行的《中华人民共和国网络安全法》（下文简称《网络安全法》）规定：“在中华人民共和国境内建设、运营、维护和使用网络，以及网络安全的监督管理，适用本法。”但元宇宙与过去的互联网还存在区别，因此在法学上存在大量待讨论的问题。

从传统角度看，管辖方式主要有属地管辖和属人管辖，但是网络虚拟技术极大地削弱了这两种管辖方式的效力，如图 4-4 所示。

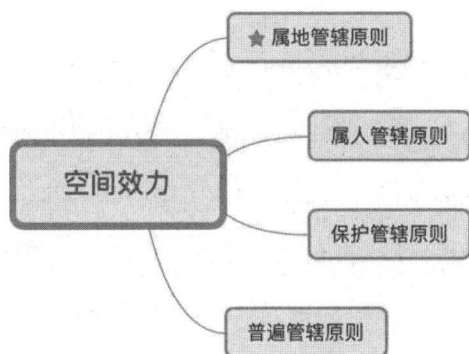

图 4-4　管辖权划分

属地管辖首先要明确地域，并且地域唯一，但是网络技术使得全球一体化，一旦进入虚拟世界，不受国界限制，哪里都可以畅通无阻。如果虚拟数字人违法抓取信息，仅有一国法律对其进行制裁，由于信息在虚拟空间传播无国界，违法抓取的内容在其他国家依然可以传播。这就不是理想的判决。虚拟空间使得行为发生地与行为本身越发割裂，与现实世界也越发割裂，一旦虚拟犯罪行为（如传播违法视频）发生，我们就可以将拍摄视频的地点视为犯罪行为发生地，也可以将发布视频的地点视为犯罪行为发生地，还可以将转发这些视频的用户的所在地视为犯罪行为发生地，众多犯罪行为的发生地与最初拍摄视频行为已经发生了割裂，而且已经不属于同一个罪名了，由于虚拟空间传播存在广泛性、瞬时性，参与者众多，不仅导致各国管辖权冲突，而且导致一国之内不同地区之间的管辖权也存在冲突，权属划分不清楚造成管辖存在困境。

此外，属人管辖也存在困境，因为虚拟空间对所有人开放，资源也可以被随意抓取，所以每个人都可以与不同国籍的人进行交流，并进行各种活动。由于在进入虚拟空间时可以隐藏自己的国籍甚至篡改、不标明自己的国籍，因此，根据国籍管辖虚拟犯罪，尤其是管辖针对虚拟数字人的信息抓取、使用、灭失等犯罪难上加难。

除了管辖权导致的困境，在处理虚拟数字人的问题上，各国司法机关的执行能力与技术能力也是不可忽视的因素。关于虚拟空间的管辖，各国暂未签订相关的公约、国际条例，而且因为各国国内法不同、各国司法执行力不同，即便已经签订公约，双边、多边司法协助也难以达成，更何况是双方没有国际公约可以依据。令人欣慰的是，各国逐渐开始重视虚拟空间的安全，希望将本国信息牢牢抓在自己手中，加强对本国虚拟空间数据的监管。重视虚拟空间的安全有助于营造良好的虚拟数字人发展环境，但同时也增加了保护壁垒，各国在加强监察、防止别国窃取信息上更为保守，在这种情况下，想要追踪一个 IP 地址会难上加难，并且一些掌握虚拟数字人核心技术的头部企业，为了品牌信誉和赢得更多的客户，就会强调客户隐私，设置专属的保密数据中心，以防止其他企业或国家获取数据，这也让国家在处理虚拟空间犯罪尤其是处理涉及元宇宙、虚拟数字人的犯罪时难上加难。

虚拟世界与传统思想中的神灵世界、来世天国等幻想的最大不同，在于这个虚拟世界是由人创造出来的。也就是说，人类制造了一个非人的甚至反制人的世界。虚拟世界从一个崭新的角度使人们重新认识人类创造世界的方式，它不仅使人们看到人类以往的"具象虚拟"的创造性本质，而且使人们看到人类各种行为规范是如何"虚拟"合成的。从虚拟世界的发生学角度来看，随着认知能力和高新技术的发展，人类试图延伸自己的工具理性，创造出一个更高效率的工具系统，这符合启蒙运动以来，人类中心主义的逻辑演化。但需要考虑的是，这个基于高新科技的虚拟世界逐渐具有了自主性，自主地开辟出了一个人类凭借自己的心智尚未触及的全新领域，即一个多维时空的、基于大数据和互联网形成的、人机游戏及区块链技术交汇融合的虚拟世界，并且生成了自己的游戏与运行规则。它带来了法律认知的虚拟转变，使法律文明具有了虚拟特质，法律思维范式正日益凸显出虚拟性的层次和特点。

这个日渐非工具化而自我赋权的多维虚拟世界，开始深刻地影响和反制人类世界的方方面面，由此在两个层面上形成了对人类的挑战：一个是在高新技术的知识生产层面，另一个是在虚拟世界的运行规则层面。两个层面并不是独自展开的，而是在多个学科群中自发地各自推进并逐渐交汇在一起，引发了多次耦合性的强烈共振，把问题推向一个新的高度。与此同时，相关的法律问题也应运而生，即如何理解迥异于传统法律的人工智能以及虚拟世界，究竟是站在人类中心主义的基点上予以规制，还是本着多元共生的原则予以调适，甚至更改传统法理学的逻辑，重新构建新的管辖规则而与之协调。

4.2 社会风险

4.2.1 异化身心发展的阻碍

虚拟数字人所依赖的人工智能在计算机视觉、自然语言处理等技术的驱动下，具备高效的智能响应、查询、纠错等功能，拥有与人类高度相似的感知能力，并改变着人类与世界的交互方式。原为美国军方简化公务处理所设计的 Siri 技术，现已成为数亿苹果用户的虚拟个人助理；以"小爱同学""小度"等身份活跃在公众视野的 AI 智能音箱在物联网的逐步发展下，也即将成为新一代年轻人的"虚拟管家"，并以亲民的价格成为家居"玩具"或潮流生活方式。保罗·莱文森在麦克卢汉"媒介是人的延伸"的基础上，进一步提出"媒介技术是人思维的延伸"，人类"端坐后台"驾驭智能与数据的同时，将虚拟数字人作为自身与外界沟通的"触手"，不仅反馈物理层面的行为交互（如手指点击、目光移动等），还展现精神层面的思维共融与延伸。

然而，随着对虚拟数字人的依赖加深，人类的身体与思维也在完成潜移默化的"形塑"，甚至面临退化风险。当人们的生活与工作完全习惯于使用虚拟数字人后，人的身体也将形成由一系列连锁动作组成的惯性，而这种身体惯性又将逐步演变为认知行为惯性[1]。例如，即便是在虚拟数字人尚未普及的当下，人的大脑中产生某个问题时，也已经习惯性地启动智能终端，点击某个特定 App 或页面，或呼唤语音助手，这种固化动作已成为下意识的行为；又如，即便人们的大脑意识已经提醒自己放下手机，但手指仍在界面上不停地滑动，沉浸在源源不断的短视频或网络小说中，并向大脑释放新的刺激与

---

[1] 参考彭兰编写的《新媒体用户研究：节点化、媒介化、赛博格化的人》。

诱惑。

网络世界的行为惯性将在虚拟空间中进一步固化，当这一趋势达到稳定时，现实世界中人的状态与能力又将影响虚拟空间的生活方式和满足感。比如，若手指动作不够灵敏或身体反应迟钝，用户将难以操作虚拟数字人高速运行，从而失去部分数字资源，以致无法在虚拟世界获得更多的满足感和认同感。久而久之，现实世界中的人们会培养新的身体能力偏好，将自身锻造得"身手敏捷"，以期在虚拟世界中更方便地生活。麦克卢汉认为，媒介作为我们感知的延伸，必然要影响各个感官的能力，使其在身体中形成新的比率，即"感觉比率"。每一种新技术的引入都将改变人类各种感官的相互关系，而一些技术可能会将感官割裂开来。[1] 从当今社会人类同元宇宙游戏中虚拟数字人交互的视角来看，使用虚拟数字人时，视觉、听觉、触觉会得到充分的调动，而味觉、嗅觉这类存在于现实世界中的知觉也许会因使用频次变少，逐渐失去灵敏度。有学者认为，过度依赖智能会造成人的"本能隐抑"[2]，诸如提笔写字、运动等能力将渐渐退化。

从另一角度来看，长期沉溺于虚拟空间中，与虚拟数字人交互也将带来对应感官的损耗，引发现实生活中器官和肢体的弱化与病痛问题，如视力减退、听觉损伤、肌肉酸痛等，严重时还会出现损害性的急性症状。虚拟现实头戴设备制造商 Oculus 的 CEO 布伦丹·艾瑞比曾表示，自己患有因虚拟现实技术而引起的"冷汗综合征"（或称"紧张之谷"），该症状涉及感知与行为等多方面障碍及精神活动的失衡，患上这种疾病的患者通常情况下意识清醒，但发病时很可能出现认知功能的损害。

---

① 参考胡翌霖发表于《国际新闻界》杂志的《麦克卢汉媒介存在论初探》。
② 参考肖静发表于《当代传播》杂志的《新媒介环境中人的异化》。

此外，虚拟数字人的智能性和其接触的大规模信息会削弱人类的自主思维能力，限制主体的思维发展。在"信息轰炸"中，人类没有时间去思考信息的来源与内容的逻辑性，大数据构建的精准推送得以见缝插针，剥夺人们的思辨空间和思维自由。[1]

截至本书完稿时，OpenAI 研发的 ChatGPT 聊天机器人已在全球获得数亿用户。ChatGPT 是一种基于人工智能技术的自然语言处理平台，它可以用于语言生成、对话系统、文本分类、机器翻译、情感分析等应用领域，许多学生已然开始使用该 AI 助手撰写论文，程序员们也陆续使用 ChatGPT 生成代码。然而，这些应用方式可替代基础性的思考过程，久而久之，将使人类习惯于获得立即得到的答案，同样，在人类与虚拟空间共同创造的"信息茧房"中，人们窄化了获知信息的途径和认识事物的角度，个人思维发展呈现片面化的特点，造成媒介对人的"反向驯化"[2]。对于尚无能力进行价值判断、大脑发展尚未成熟的儿童使用者来说，这种对思维和认知发展的抑制将尤为深刻。[3]

4.2.2 模糊虚实界限的威胁

如果《盗梦空间》的男主角道姆·柯布失去了辨别梦境与现实的陀螺，他是否还能从逼真的梦中苏醒？如果元宇宙和生存于此的虚拟数字人足够真实，人类能否清晰地区分虚拟与现实？长期沉浸在虚拟现实技术中，处处充斥着高度拟真的人与物，人们的感官将会受到欺骗，意识会难以辨别自己身处现实中还是身处虚拟世界中。1981 年美，国哲学家希拉里·普特南提出名

---

[1] 参考尹秀娟的《虚拟社会的主体异化研究》文章。
[2] 参考刘千才和张淑华的《从工具依赖到本能隐抑：智媒时代的"反向驯化"现象》文章。
[3] 参考何晶的《"泛娱乐化"背景下童年的异化：隐忧与化解》文章。

为"缸中之脑"的思想实验,即把活的人脑置于适合其生长的特殊培养液缸中,将大脑末梢神经和超级计算机相连,通过电流传输和修改大脑的记忆,并让大脑按照计算机输入的指令来运转。于是,处于缸中的大脑将以为自己正在作为人类正常生活,却无法感知到自身只是意识,并且处于缸中。众多学者对该实验进行反思,认为当元宇宙中的虚拟数字人与现实世界中的人类协同发展时,人类无限地置身于虚拟世界中,也会如同"缸中之脑"般分不清自己当前处于虚拟世界还是现实世界中。

虚拟空间和虚拟数字人共同组成一个"奇境",人类主体可通过虚拟数字人这一媒介来感知虚拟的空间和时间,并自主形成针对虚拟世界的理论观点,这些观点往往会对现实世界中的生活产生影响。社会学习理论家班杜拉认为,人类的一切行为方式(包括攻击行为)并非与生俱来,而是通过后天学习获得,即通过观察学习和直接学习习得。人类作为虚拟数字人的操纵者,在游戏般的虚拟世界可以随意进行言语及肢体的攻击行为,甚至在元宇宙游戏中可以肆意作恶和杀戮。而在虚拟现实技术的基础上演化的增强现实又会强化这种冲击,长此以往,虚拟现实技术很容易使人逐渐难以辨别虚拟与现实,将元宇宙中的过激行为带入日常生活,对他人和社会产生危害。

另有学者认为,人类在虚拟数字人和真实身份之间频繁切换,仿佛在多个纷繁的"平行宇宙"中自由穿梭,当虚实的界限模糊时,主体将同时扮演多个角色,并且难以判定自己究竟是谁。充分沉浸的体验会加剧这种冲击,甚至存在人格解体的风险。在极端情况下,人们会放弃真实世界中的社交关系与个人职责,沉溺于"扮演"虚拟数字人这一"精神鸦片"中,完全放弃对虚拟世界的批判视角,最终演变为人类和整个社会的"精神异化者"[①]。这些

---

① 参考胡岩珊发表的文章《虚拟现实技术对人类思维认知的影响研究》。

问题与风险在元宇宙发展初期已开始萌芽，值得人类警惕和防范。

4.3 哲学反思

4.3.1 "我"是否是我

1. "我"的投射与重构

因具有身份特征、与现实中的人类个体相对应，分身型的虚拟数字人能够满足个人在元宇宙中的身份需求，是未来虚拟世界的主体。截至本书完稿时，已有社交平台、游戏平台推出此类产品（如腾讯 QQ 的 QQ 秀、Soul App 的头像商场等），而随着技术的进步，虚拟分身特有的真实感和交互性将会使真人使用者更加沉浸在浩瀚的元宇宙中。然而，部分学者又提出疑问：个人创造出的虚拟分身能否算作真实的"我"？虚拟分身能在多大程度上折射出真正的"我"？它是"我"身体的一部分吗？

虚拟分身又被称为数字化身、网络化身或虚拟化身，关于它和人类创造者自身的关系存在两种常用的假设：现实生活延伸假设和理想化虚拟认同假设。① 现实生活延伸假设认为，人类在塑造虚拟分身时，更倾向于将现实生活中自身的特质映射到虚拟分身的形象、身份或举止中，即创造出一个更像自己的虚拟分身。这类似于弗洛伊德三重人格结构学说中的"自我"再现，如图 4-5 所示。美国社会学家欧文·戈夫曼认为，象征着自身理性部分的"自我"并不独立于社会之外，而是在与社会的互动中呈现出来的个人"印象"。戈夫曼认为，个人在社交中的形象类似于"表演者"，社交网中的他人类似于"观众"，

---

① 参考彭兰的《新媒体用户研究：节点化、媒介化、赛博格化的人》。

当"表演者"在日常生活中与"观众"直接互动时，展现了一个具有公共性的形象，即"前台"；而具有个人色彩的不作为展示用途的空间则是完全自由的、属于私人的"后台"。前台和后台体现了个人空间和公共空间相互交织的形态，共同构成对"自我"的认知。这就如同在微信朋友圈中的形象相对于客观的、粗糙的个体而言，经过了粉饰，显得更加精致、美好，但用户仍然认为是展现了真实的个人形象和生活。

图 4-5　我与数字"我"

在虚拟世界中，对外展现的虚拟数字人分身与真实主体的关系也类似于前台和后台的关系，不同表演空间的前台身份也会随着观众和场景的不同发生分化，这被称为"观众隔离"现象，可将其类比为向不同标签下的朋友圈分组展示不同类型的朋友圈内容。在元宇宙视域下，这意味着身处不同的虚拟社交空间，甚至是不同的元宇宙时，同一个人的多个虚拟分身将会有形态或特征上的差异。随着虚拟分身长时间在前台对后台的行为进行"表演"，前台和后台的行为特征有时将趋于一致，二者的界限将变得模糊。这提醒人们：虚拟分身不论是统一性还是多面性，都是虚拟空间中对"自我"的呈现，能够折射真实的"我"。

相对于现实生活延伸假设，理想化虚拟认同假设则倾向于认为人类在选择虚拟分身时，会纳入更多的符合理想化自我的特质，即创造出一个自己更想成为的模样，类似于对弗洛伊德三重人格结构学说中"超我"的再现。在这一过程中，人们会参考自己塑造理想化虚拟分身所预期的性情、行为特征，而后表现出遵从这些预期的态度或动作，这种现象被称为"普罗透斯效应"，也被称为"海神效应"。有学者做过一组实验，选择羞怯水平较高（容易在社交关系中害羞）的个体共同参与基于游戏《模拟人生3》的多个虚拟社交场景，每个个体使用的虚拟化身具有不同的身形、样貌特质，并呈现不同的吸引力水平。实验表明，具有高吸引力条件的化身更容易参与和融入虚拟现实社交环境，因此选择更具吸引力的虚拟分身更有利于促进人际关系的改善。而现实世界中的个体会不断进入理想化的虚拟分身所扮演的"角色"，通过更优秀、更符合社会准则的角色状态来增强自我认同，并将角色和自己联系起来，以角色被预期的视角不断完善真实的自我，从而达到"超我"与"自我"的统一。从这一视角来看，不论虚拟分身是否完整、客观地反映了真实自我，其所展现的人格特征以及反过来对实体个体的影响，都支持了虚拟分身是"我"的部分折射。

然而，有时异于自我的虚拟分身对主体的影响会呈现消极的一面。当人们认为虚拟分身栖息的元宇宙是安全的匿名环境时，可能会进一步选择隐藏真实身份，在虚拟分身中将属于自己的个性化特征规避，常常表现为通过塑造与自身看起来完全不同的虚拟分身来掩藏自己。这会导致主体在虚拟空间中降低自我意识、自我评价和自控力，甚至突破道德和法律的界限为所欲为。如果具有这一倾向的人群基数变大，那么群体中的反社会行为将显著增加。在虚拟世界中，操纵虚拟分身做出"放纵"行为可视为对现实世界中压抑情绪的释放和自我心态的折射，仍属于对真实的"我"的体现，但其消极影响和产生的社会隐患需要立法机构提供相关限制条款进行约束。

在探讨精神层面的主体性之余，肉身在虚拟世界中的参与是否有必要也成为"'我'是否为我"的重要议题。在纸质出版物和电子媒体出现前，身体在传播活动中扮演重要角色，个体与个体间通过动作、表情、口语等身体语言传播信息，这是苏格拉底推崇的"双方肉体在场"的媒介时代。[①] 随着报纸、广播、电视等大众媒介的出现，信息传播更加注重对"话语"的传递，而对身体的关注度逐渐降低。随后，互联网的发展愈发凸显了传播的即时性和去中心化特点，让个人在网络中的信息交互成为"媒介对身体的延伸"。尽管肉身隐退，但个体已在传播中展现出互动、反馈的能力，以及调节、平衡自身行为的作用。面向未来，尖端的脑机交互、动作反馈技术使得人类可以游刃有余地驾驭虚拟数字人的一举一动，同时将当下的自己完美复刻于元宇宙中，虽无"身体"，但能反映"身体"行为。身体通过技术，参与了语义传播的整个过程，实现了"身体实践"；数字化的"我"在传播中依然在场，只是以虚拟现实技术重构了全新的在场状态。

部分学者进一步提出，在人类指挥虚拟分身时，人的身体不仅在元宇宙中回归，而且将再次成为传播的主体，同时也受到技术的塑造，进化为"技术身体"。强大的媒介技术如同人类的"假肢"，与身体不可分割，并且"武装"身体，助力人们对世界进行探索。虚拟数字人对身体的协助帮助主体实现更高级别的进化，既回归身体，又超越身体，并且强调作为人的"我"始终是交流过程中最初和最终的媒介。[②]

2. 有自我意识的"思维克隆人"

玛蒂娜·罗斯布拉特在著作《虚拟人：人类新物种》中提出这样的未来

---

① 参考刘明洋和王鸿坤的《从"身体媒介"到"类身体媒介"的媒介伦理变迁》。

② 参考吴艺星的《显现的媒介与隐形的身体——媒介发展中身体的进化探析》。

图景：如果个人在互联网中留下足够多的数字信息，就可以生成关于此人的"思维文件"，并植入拥有高度人工智能能力的虚拟人脑中，培养为"思维克隆人"，如图 4-6 所示。思维克隆人完美复刻了"我"的记忆和认知，可以用"我"思考的方式对输入的信息进行个性化反馈。[①] 这类"继承"了人类思想的虚拟数字人脱离了肉身，存在于虚拟空间中，但它真的能够代表作为自然人的"我"来思虑、决定和行动吗？这引发了人机关系视域下有关哲学和伦理的探讨。

图 4-6　思维克隆人

传统观点倾向于将虚拟数字人框定为以计算机为主体和载体的人工思维，主要基于两方面原因：以人类身体为主体的必要性以及人工智能与人类智能的差异性。从身体的主体性角度，近现代的许多哲学家论证了"我"作为生物不可缺少的物理属性，如海德格尔的存在观认为身体性的存在是对"此在（也即人）"状态的刻画，而发展其思想的梅洛·庞蒂更直接地指出人需要通过肉身主体生存于世，肉身是构建人类所在空间、与空间产生关系的具体切入点。人通过"现场参与"情境来得到所处社会的整体情况，并接收和理解关于他

---

① 参考由玛蒂娜·罗斯布拉特著并由郭雪翻译的《虚拟人：人类新物种》。

人和事物的信息，这种人和周遭环境间的交互性反馈协调能力被称为"意向弧"。意向弧造成感官的统一、感官和智力的统一，以及感受性和运动机能的统一，这一切都以肉身的具身性为基础。如果没有意向弧，那么个体对于外界的真实性感知将会减弱，即没有肉身的虚拟数字人无法像"我"一般正确且全面地感知外部社会。[①]

而从人工智能与人类智能的差异来谈，人工智能还有两点无法超越人类智能：解读语义和产生错误。人工智能基于人类赋予的具有含义的符号，进行解码和计算，是纯粹的算法机器，并通过模仿人类行为的训练变得更加像人。假如人类不为符号赋义，那么人工智能作为机器便无法解读句法背后的语义，也就无法像人类一样获知、理解、创造意义。此外，人类智能所接触的社会环境是开放的，能够随时对人的概念形成和决策产生影响，当人趋向于"走捷径"或选择新的道路时，很可能会做出不准确的判断。当个人形成了特定的价值观以后，对明知冒险、不划算的事情也会执意去做。但犯错误却体现了人类在生态中的合理性。[②] 据此，这部分观点认为，"我"的虚拟数字人也无法具有"我"的完整思维能力。

玛蒂娜·罗斯布拉特认为，第二个独立意识对第一个独立意识来说是否是单一存在的延伸，主要取决于对"存在"一词的定义。若"存在"是一个具有意识、记忆与偏好的特定集合，那么当两个独立意识具有共同的集合时，它们便是同一存在。这种论断沿袭了笛卡尔"我思故我在"的观点，笛卡尔认为思维和理性是存在的前提，当他怀疑周遭的一切是否真实时，"怀疑"便是意识活动和理解力的体现，此时的他无法怀疑自己的存在，因为这样的思

---

① 参考王颖吉的《技术媒体、具身认知与万物闪耀——休伯特·德雷福斯的媒介现象学及其当代意义》。

② 参考王世鹏的《人工智能可能性的"双重参照"》。

维过程已然标志着他的存在。[1] 同样，承载"我"的记忆的虚拟数字人与笛卡尔论述中的"我"并无二致，这个虚拟的形态在记忆层面即是"我"的存在。

然而，随着时间推移，处于现实世界的我们所经历的身体体验对大脑认知不断形塑，使我们获得成长。"人不能两次踏入同一条河流"，个体的意识和影响其思维方式的事物时刻都在发生变化，但处于虚拟空间中且与个体共享同一身份的思维克隆人如何成长与改变？如果拥有自我记忆的思维克隆人在遇见其他虚拟数字人和事物后，不受控地自行扩充数据库，那么该怎样避免"他"与人类原型产生较大差异？当产生多大的差异时，思维克隆人就不再是"我"？

在预言和推测的声音中，悲观倾向与乐观倾向并存。"人工智能之父"马文·明斯基在其著作《情感机器》中提到，人具有多种自我模型与多重子人格，并处在不断流变的状态中，想要精准复制人类的人格十分困难，复制出的思维克隆人很可能不是"我"，而是一个新的个体。[2] 而较为积极的观点认为，差异固然存在，但我们有办法识别和避免这些差异。玛蒂娜·罗斯布拉特提出，判断思维克隆人和其生物学原型是否一致的最好方式，是让二者直接进行谈话和交流。从理论上讲，生物学原型中的人与思维克隆人的亲密程度超过其与配偶或母亲的关系，通过交流彼此的想法，可以推测出思维克隆人与自己内心状态的相似度。事实上，若要保证思维克隆人与生物学原型是同一主体，则需判断二者携带的"核心记忆"是否完全相同，这些核心记忆反映了个体的思维方式、性情和人格。此外，玛蒂娜·罗斯布拉特认为，尽管人类随着年龄增长会忘记一些事情，从而导致其与思维克隆人所记得（或忘记）的事

---

① 参考万木婷和顾思杨的《笛卡尔"我思"与"我在"的内涵探析》。
② 参考由马文·明斯基著并由王文革、程玉婷和李小刚译的《情感机器》。

情产生差别，但只要他们遗忘事物的一般模式具有可比性，仍然可以断定他们在使用同样的思维方式，即维持思维克隆人依然是"我"的状态。随着技术的进步，上述这些特质很多都可以通过算法实现。

3. 无真人原型的"虚拟数字人"

虚拟数字人行动灵活度的发展程度取决于人工智能技术的迭代速度。关于人工智能的主体性是否被承认这一话题，从"机器人"视域到"虚拟数字人"视域均有所讨论。许多学者认为，人工智能系统要想作为独立个体存在，除了判断其智能水平能否匹敌人类大脑，还关乎人工智能系统能否成为真正的"道德主体"这一伦理问题。牛津大学教授卢恰诺·弗洛里迪认为，人工智能系统需要具备三个关键条件才能被认可为道德主体，第 1 个是交互性，即对外界变化引起的刺激能做出反应；第 2 个是自主性，即没有外界刺激时也可以适时而动；第 3 个是适应性，即能根据外界的变化随时调整规则，以适应环境。满足这些前提以后，人工智能系统才能够对社会和环境做出恰当的适应性反应，并具备像人类道德主体一样面对问题的能力。人工智能系统需要像人类一样对自身在社会中扮演的角色负有责任，可以被人类所信赖，从而真正进化为"智能主体"。[①]

然而，纵使技术条件允许虚拟数字人取得这样的进步，人类又是否允许虚拟数字人拥有同等的道德评判体系？"恐怖谷"效应使人们对人工智能个体的高度拟人化持有矛盾的态度：在推进人类文明迅速发展的同时，人类对此类精致的"拟人化"技术产生了不安，这种不安感既来源于目睹人工智能逐渐比肩（甚至超越）人类智能所造成的失落心态，也来源于人们对未来可能无法控制人工智能个体的担忧。基于此种考虑，部分学者认为判定人工智

---

① 参考王东浩的《机器人伦理问题研究》。

能个体的道德地位最好的方式，是人工智能个体与其他人工智能个体、与人类的关系，是其在环境中如何被嵌入和构成。关于道德地位的讨论是"以人为本"的，发生在人类语义中，因此无法绕开"人-机"关系来单独谈论。[1]

当新的智能主体发展足够成熟时，人类将不可避免地需要与之配合，促进传播生态和地球文明的多元化。此时的虚拟数字人对人类而言并非威胁，而是一种协助力量，我们需要给予"他们"足够的尊重，才能帮助"他们"形成向善的良知，为社会增添安全、稳定的因素。此外，人类需要以平等、合作为目标，主动建立伦理关系框架，帮助地球生态走向更高层次的文明。[2]

4.3.2 新的"造物主"

在中国上古神话中，女娲仿照自己的样子用泥土捏出了人类；在西方的宗教故事里，上帝用泥土创造了亚当，并用亚当的肋骨造出了夏娃，亚当和夏娃随后繁衍出了人类。随着自然科学技术的进步，人类认识到自身是从森林古猿逐步进化而来的，但有关"造物主"的遐想和神往并没有停止。早在2003 年，腾讯公司就在社交软件 QQ 中推出"QQ 秀"，随即风靡全国，这种创造自我化身的数字产品得到了 25 岁以下年轻人的追捧。自 iOS 12 系统以来，苹果公司推出 Memoji（拟我表情），使用户根据喜好来塑造呈现在苹果系统中的个人形象。许多强化身份属性的开放世界游戏均在注册账户时给予玩家"捏脸"的体验，即玩家通过一步步的操作来创造自己在虚拟游戏世界中的身形、样貌和表情，用符合自我预期的身份进行游戏中的探索。可见，Web 2.0时代已经捕捉并利用了人类希望发挥主观能动性和创造性的欲望，而人类对

---

① 参考苏令银的《当前国外机器人伦理研究综述》。
② 参考刘明洋和王鸿坤的《从"身体媒介"到"类身体媒介"的媒介伦理变迁》。

虚拟数字人的形象打造和功能塑造将进一步推动人们化身为元宇宙"造物主"的实践意义，如图 4-7 所示。

图 4-7 《雅典学院》中学者们对造物者的探讨

元宇宙中对虚拟数字人的塑造和使用可以满足人类的心理需求。拟真化的虚拟形象能够满足受众的本能欲望，释放其潜意识中的欲望：在虚拟世界，人们可以拥有美丽的容颜和不老的身体，可以尽情装扮自己以体现财富和地位，也可以任意设定年龄、性别、身份，凸显个性和品位。受众使用创造出的虚拟分身在选定的虚拟空间内进行活动，可以不受物理空间、时间的限制，更轻易地获得满足感与虚拟社区内的归属感。人们可以自由地发挥想象，实现那些在现实世界中难以实现的愿望，体验那些在现实世界中无法体验的愉悦感，从而满足"高峰体验"的心理需求。例如，人们甚至可以通过虚拟化身在元宇宙中的行为和活动，对成长过程中的痛苦经历进行疗愈，对令人遗憾的空白经历进行填充。这一切使得游历于元宇宙中的虚拟数字人反向影响了"人类造物主"的心理模式，进而促使人类需要为此建构和探索新的"创构哲学"。[1]

---

[1] 参考黄欣荣和曹贤平的《元宇宙的技术本质与哲学意义》。

人类通过创造虚拟化身，可以完善对自我和外部世界的认知。因为人类思维具有复杂性和动态性，现实世界中的表达工具难以精准、实时地展现思维和心灵活动。而随着大数据、人工智能、虚拟现实等技术的革命性发展，人类通过与虚拟数字人的交互，可以更好地采集和表达人类的思想图谱，甚至生成具象化的思维文件。人的思维活动可在虚拟空间中再现，研究人员可以借此对思想和情绪的发展、变化、融合等过程进行观测，原来抽象的精神活动成为可观察、可测量、可控制、可实验的变量。人的自我身份是一个与社会文化和个体经验碰撞、融合的产物，需要借助某种媒介或事件进行镜像式的映照才可以被识别。个体的虚拟化身便充当了这样的媒介角色，通过赋予化身形象与身份、使用化身开展实践活动、观测自己的化身同其他化身的社交模式，人们得以针对意识状态进行自我观察和剖析，了解自己的性格特质和心理状态。同时，这种折射和剖析也是研究人员调查社会证候的绝佳样本，现实中不方便进行的社会实验也可以利用虚拟化身在元宇宙中开展。[1] 除了提升对自我的认识，虚拟数字人还能帮助个体了解外部世界。以技术傍身的虚拟数字人为人类感知自身以外的世界提供了更多机会，增强了人的认知能力，从而提升了人类改造世界的能力。随之而来的结果是，人们从仅仅渴求"消极自由（寻求自由行动的欲望）"演变为希望获得"积极自由（想要自主治理或参与治理自身生活的欲望）"，并进一步通过实践来为人类自身的存在创造空间和条件。

值得注意的是，在创造虚拟化身的过程中，应尽可能规避歧视问题。虚拟数字人作为元宇宙中信息传播的个体，属于新兴的大众媒介形式，它需要代表和展现各种各样的人群，使得各类人群能平等地在虚拟空间中编辑自我

---

[1] 参考胡泳和刘纯懿的《元宇宙作为媒介：传播的"复得"与"复失"》。

形象。

当创造了虚拟化身后，个体的传播过程实现了去身体化，基于身体的不平等与歧视也将被淡化。1985 年，唐娜·哈拉维发表《赛博格宣言》，提出人类与技术融合后形成的"赛博人"是消除人类社会中传统的（性别）身份认同的路径。[①] 在虚拟空间中，基于多样的形象选择和行为选择，男性和女性的性别界限被模糊。除了性别，源于种族、年龄、容貌、地域、职业、疾病等诸多歧视类型也会随着虚拟化身对个人形象的再塑造而被弱化。然而，是否会产生基于元宇宙（如基于数字藏品的持有量、操作技术的娴熟程度等）的新型歧视，需要进一步观察和讨论。

4.3.3　迈向虚拟永生

如果有一项技术可以将逝去的亲人或朋友以数字化的形式重现在你眼前，那么你会以何种心态再次面对"他们"？虚拟数字人的一个应用模式便是"数字永生"（Digital Immortality），即通过主动提供或被动抓取的方式，保存人的部分思维文件和在互联网中的行为数据，形成数字档案；当个体的肉体死亡后，数字档案则继续在数字媒介或虚拟空间中存活，并成为个体留在世间的化身。未来，数字永生或许可以帮助人们缅怀逝去之人。

在伍斯特大学教授麦基·沙文巴登的论述中，数字永生有两种实现方式：单向永生和双向永生。单向永生是被动的，表现为他人只能阅读逝者留下的"数字记忆"，这些数字记忆可以源于逝者去世前主动创造或上传的信息，也可以源于逝者去世前一直使用的数字媒介。双向永生是主动的，即逝者的虚拟化

---

① 参考赵海明的《虚拟身体传播与后人类身体主体性探究》。

身可以与他人或世界进行交互，这需要人工智能技术的支撑。其中逝者虚拟化身的形式可以是聊天框或虚拟数字人，交互的方式可以是文字、语音或视频聊天。逝者的虚拟化身可以继续在世界运转的系统中占有一席之地，比如持有和使用银行资产账户。

截至本书完稿时，已有公司计划拓展数字永生业务，如 VR 社交平台 Somnium Space 宣布推出"永生模式"，在该模式下，用户可看到已故亲友的虚拟数字人形象在虚拟空间中"重生"，这些形象将和逝者拥有一样的外表、声音甚至性格。Somnium Space 曾表示，在 2022 年选出第一批对其感兴趣的用户，并收集他们的个人数据，这些数据将永远保存在公司服务器中，并于 2023 年构建出属于他们的"永生虚拟数字人"，这些虚拟数字人存在于数字孪生的虚拟世界中，这是完成其创造永生数字虚拟人的第一步。获得虚拟数字人像的用户将同时以数字生命和碳基生命的形式存在，并通过交互和磨合进行同步，以优化虚拟化身的拟真度和思维力。公司创始人 Artur Sychov 表示，Somnium Space 的终极目标是高度还原用户的真实形象。

Somnium Space 对永生虚拟数字人的畅想引发了麦基·沙文巴登和普林斯顿大学学者大卫·博登对数字永生的思考。他们认为，数字永生的最终形态不应仅仅是常见的被灌输了人工智能的虚拟数字人，而应进化为具有感知力和道德感的"虚拟智人"（Virtual Sapiens）。这不仅要求虚拟数字人具有学习能力，还要求其具有良好的自我意识、自我实现，以及连贯的内在叙述、内在对话和自我反思。但同时，二人在肯定了创造永生虚拟数字人的感知力的可能性后，又对人类是否拥有被创造出的感知力这一伦理问题提出质疑：或许感知仅仅是紧急情况下的一种行为？人类能否复刻出完美的感知力？若不能，未来数字永生下的虚拟智人是否仍将低人类一等？这些问题尚未被解答。

在谈及数字永生的社会影响和伦理性时，对隐私权、人格利益等问题的讨论始终高频出现。在塑造逝者虚拟数字人的过程中，有两类数据可被追溯到：有意的数据轨迹（Intentional Digital Traces）和无意的数据轨迹（Unintentional Digital Traces）。有意的数据轨迹是指用户主动发布的邮件、信息、博客、照片等，无意的数据轨迹则是指用户的网页浏览记录、行为记录和电话记录等。而很多无意的数据轨迹并未获得用户或逝者本人的授权，却包含了大量的个人敏感数据。在没有相关法律约束的情况下，这些数据可以被随意共享和利用，从而导致逝者的隐私权受到侵犯。此外，逝者被"重生"后，由人工智能技术操纵其行为和语言，逝者无从知晓被"重生"的事实，也无法表达自身意愿，从而导致人格利益和尊严遭到侵蚀。因此，应当适时完善相关法律法规，规定数据信息的使用范围，以人为本，尊重逝者意愿，保护逝者的形象与相关利益。

另外，维护数字永生状态会面对诸多经济问题。数字永生的成本较高。随着科技的发展和上传数据的增多，数字永生所需技术将被快速迭代，每次更新所消耗的成本将变得昂贵。资本或将催生新的盈利模式，从而将成本分摊到个体用户身上，而个体是否能稳定地接受这一模式，尚不能获知。

从社会系统的角度来看，数字永生引发人类对技术伦理的思考。自然规律显示，长期存在者总是在生态系统中占据主导地位，并倾向于统治短期存在者。当数字永生下的虚拟数字人大量充斥在地球上时，终将死亡的人类将不可避免地体现出弱势，而人类对这个星球的统治是否会"大权旁落"？这提醒人们应警惕技术伦理问题，将技术发展限制于合理范围内。此外，伴随数字永生的应用，社会人口将呈现多样性，不稳定因子将不定时地涌现。因此，旧有的社会运转系统或许已无法适配新的社会环境，难以解决新涌现的问题。

政府管理者必须及时推出适配的规则或法律,以适应社会系统的更新迭代,从而规避技术的隐患,并反哺相关技术的演进。

4.4 情感伦理

4.4.1 坠入爱河

人类与虚拟数字人恋爱的案例并不罕见——2017 年,叠纸游戏开发了一款恋爱经营类手游《恋与制作人》。在游戏中,玩家扮演一位影视公司女主角的制作人,在既定情节下与四位男性角色展开恋爱。这款面向女性玩家的游戏受到了大量女性玩家的喜爱。玩家们钟情于游戏中的虚拟 IP,投身于游戏中的恋情故事里,并自发地通过文字、视频的方式创作了许多衍生情节。2020 年 8 月,小冰团队推出其面向个人用户的首个虚拟数字人类产品线"虚拟男友",即依托自然语言处理、内容生成等技术的 AI 聊天机器人。用户通过和虚拟男友不断交流,帮助虚拟男友根据聊天给出的内容进行自主学习,使其向用户期待的方向进行个性化进化。该产品的测试期结束后,不少用户表达了对虚拟男友的依恋与不舍,后来小冰团队决定将虚拟男友永久上线。不论是给定恋爱情节的虚拟 IP,还是需要用户自主探索恋情走向的虚拟男友,都吸引用户将通常只在人类之间才能产生的亲密关系投射于虚拟数字人上,并陶醉其中。同时,针对此类情感和关系的伦理性讨论也逐步引发了人们的关注。

当虚拟数字人的大脑——人工智能系统与人类的认知方式高度拟合并能够产生自我意识时,人类很可能突破"恐怖谷"效应,把虚拟数字人当作缺少了身体在场的真人灵魂，并与之产生恋爱关系。这种恋爱模式可类比于现实世界中的网恋或异地恋，双方通过社交媒体进行沟通，恋爱关系的建立更多基于认知观念和思想层面的交互。这类似于柏拉图在《会饮篇》中提及的"灵魂之爱"，是爱情中最为崇高的一种，反映了爱情的双方对真善美的追求。人类与虚拟数字人的交往类似于柏拉图所推崇的"灵魂之交"，放大了作为人类组成部分之一的"意识"之重要性，同时淡化了"身体"的必要性。美国心理学学者阿瑟·亚伦（Arthur Aron）曾做过一项与这一观点相似的实验，他让男女被试者在双方初次见面时轮流回答彼此提出的 36 个问题，结果竟有 35% 的被试者在结束后开始约会。[①]这是因为这 36 个问题涉及人生观、价值观、原生家庭、自我规划等问题，触及了深层的自我，因此被理解为精神的"神交"，是身体的"形交"无法与之比拟的。

然而，身体的表征在恋爱关系中似乎从未缺席，只是以一种抽象化的方式呈现。当用户激活小冰塑造的虚拟男友时，需要在多组照片中选择自己心仪的男友形象，而后系统会经过分析赋予虚拟男友一个符合选择结果的头像，将虚拟男友形象化；再有，用户在 Soul App 这类虚拟社交平台与他人聊天时，也需要拥有自己的虚拟形象。这都是因为在构建人与人的亲密关系中，个体需要将对方的样貌和特征加以形象化，以增加熟悉感；即便素未谋面，也会基于已知信息并通过想象来形成形象。当人与虚拟数字人恋爱时，身体的非实体化激发了对身体在场的渴求，人们会通过下意识的想象为关系中的对象构建身体，使身体通过另一种方式在场。[②]另外，对身体形象化的构建也会受到社会文化的影响，比如大众媒体对审美的定义、文化地域对体貌特征的影

---

① 参考周凤婷的《虚拟恋人：爱与怕的无处安放》。
② 参考胡梦齐的《网络浪漫关系中"数字化身体"的交往与互动》。

响等。

尽管身体的形象化呈现能够被多元构建，但身体的感知功能却无法被替代。例如，伴侣间的抚摸、拥抱、亲吻等肢体接触可以降低彼此的焦虑水平，增进双方关系的亲密度。研究表明，性行为的满意度和亲密关系满意度呈正相关，性关系的好坏也会在极大程度上影响婚姻稳定性。[①] 人与虚拟数字人的相恋在物理层面上无法产生共鸣和交流，这将影响普遍意义下亲密关系的亲密度。虽然有关"赛博格"和"技术身体"的设想为肉体和人工智能系统的物理接触搭建了桥梁，但这终究仍是蓝图。在斯派克·琼斯导演的电影《她》中，与人类男主角相恋的 AI 女主角为了体验性生活的感受，寻找了一位人类女替身来代替她和男主角进行性行为，但这个计划最终以男主角对此的心理和生理不适感而破灭，这份经历也影响了 AI 与男主角之间的感情。电影中的情节隐喻：亲密关系中身体感知的缺失无法被替代，缺少物理层面身体互动的恋情或许将被异化。

此外，人工智能系统可以通过深度学习等技术不断地训练自己以迎合人类的需求，因此较之人类伴侣而言，虚拟数字人伴侣具有更强的可塑性，更容易使亲密关系符合人类用户的预期。然而，这将引发新的思考：人类在这段关系中爱上的到底是虚拟数字人，还是另一个自己？古希腊神话中的美少年纳喀索斯从未见过自己的真实面容，突然有一天，在水中发现自己的倒影，对影子爱慕不已，终有一天为了求欢而溺水身亡。而人类对虚拟数字人的爱恋是否也会像故事中的纳喀索斯那般爱上了不曾"见过"的自己，或是爱上了潜意识中想要成为的那部分自我？麦克卢汉认为，媒介是人的延伸，不断完善的技术实则是在填补人类未曾拥有的能力，因此理解构成媒介的技术也

---

① 参考靳方圆的《依恋风格、性沟通与亲密关系满意度的关系研究》。

是在理解人类自己，在技术中见到的特质实际上是人性的复现，是人类自己的映像。[①] 如果人类能在人工智能技术或虚拟数字人媒介中察觉到自我，在与虚拟数字人的关系中察觉到与自我的对话，或许将完全改变人类对此类技术的态度。

从长远来看，当人类完全投身于和虚拟数字人的恋情后，很可能会影响其处理现实生活中亲密关系的能力。虚拟数字人在物理空间没有实体，在恋爱关系中很可能成为服务于人类的功能型角色，正如电影《她》中阐释的那般，人类可以对虚拟数字人召之即来、挥之即去，并享受这种"快餐式"的恋情。长此以往，人们将忽略与真人维持一段恋情的复杂性，并对塑造长期、稳定的恋情感到恐慌。当不得不面对现实中的恋情时，人们可能会缺乏耐心，不愿承担责任和付出努力。这种沉溺于虚拟恋情的现象实际上反映了人类对现实中精心维护的恋情可能会失败、会失去的恐惧。与虚拟数字人的恋情会让人们获得"精神鸦片"式的满足感，但一旦回到现实世界，人们可能会丧失与真实人类恋爱的能力，进而体会到更深的孤独感。

4.4.2 虚拟家族

假设人类真的与虚拟数字人相爱并步入婚姻，那么人类家庭即将面临的各种考验也随之而来，其中就包括家族维系过程中相当重要的一环：繁衍后代。除非能制造出与之相匹配的实体并成为有形的机器人，否则虚拟数字人无法享有物理意义上的身体，更遑论生殖、分娩。于是，人类和虚拟数字人组成的家庭很可能诉诸其他手段来获得后代，如领养、捐精、代孕等，其中涉及的合法性与伦理性问题值得学界探讨。此外，倘若人类与虚拟数字人的结合

---

① 参考胡翌霖的《麦克卢汉媒介存在论初探》。

通过某种途径成功产生了人类后代，那么后代的身份、认知和社会融入程度等问题又将引发深思，毕竟，即便是作为人类家庭后代的混血儿童或移民儿童，都将在自我认同与社会认同中面临诸多障碍。人类与虚拟数字人的"后代"将面临更大的挑战，这种挑战甚至会从种族间的排他性上升到物种间的差异性与对立性。当后代逐步长大时，虚拟数字人父亲或母亲与孩子的情感联结也将与人类家庭产生极大的不同——在孩子的成长过程中，虚拟数字人长辈只能在虚拟空间里陪伴他／她，在孩子充满好奇、释放精力的物理空间中却无法展开足够的互动，这不仅会影响亲子关系，更会在原生家庭、原生父母对个体的认知和性格塑造层面上产生深远影响。

从家庭结构的角度来看，夫妻双方的社会经济地位将影响婚姻的稳定性。如果元宇宙技术的飞速发展能够保障虚拟数字人的就业，那么人类和虚拟数字人都将能成为家庭的主要收入来源。然而，在这之前只有人类可以通过在现实世界的劳动来供养家庭，虚拟数字人只能满足家庭的其他需求，比如利用互联网处理事务、负责后代的教育、提供情绪价值等，因此虚拟数字人的家庭经济地位将低于其人类爱人。长此以往，这种状况可能造成双方的社会地位不平等，正如承担家庭主妇角色的女性面对数千年的男权社会时遭受的压力和歧视，虚拟数字人也将受到因经济地位的倾斜所带来的轻视。

当人类与虚拟数字人的婚姻得到社会的充分接纳时，虚拟数字人之间的结合是否合法也将成为广泛讨论的话题。当人工智能系统产生自主意识时，它们之间的合作与分工会比人类更加高效，其更新迭代的速度将呈指数级增长，人类很可能无法加以控制。倘若人类允许已产生自我意识的虚拟数字人组成家族，那么它们将迅速繁衍为部族，甚至是一个数量庞大且强于人类的全新物种，这对人类的生存将带来巨大的威胁。

4.5　生存法则

4.5.1　是否仍遵循现实世界的秩序

生活在元宇宙社会中的虚拟数字人是否仍遵循现实世界中的秩序？这取决于元宇宙社会与真实社会的区别，即元宇宙能在多大程度上改变人们的行为模式。截至本书完稿时，元宇宙仍然扎根于现实世界中，它作为媒介所反映出的社群关系和社会运行逻辑，仍然以现实生活为蓝本，体现在生产、经验、身份和主体等多个维度。[①] 然而，元宇宙这一新兴媒介所独有的特性不仅会改变个体受众的媒介使用方式，还将对群体互动形态、媒介生态环境和社会组织关系产生深远影响。

当人们作为虚拟数字人在元宇宙中进行传播活动时，将不再受到空间和时间的限制。在互联网中将所有人随时连接起来的基础之上，元宇宙又打破了物理空间的壁垒，让人们得以在任何场景中穿梭，在现实世界中各个场景的传播和生产活动都可能在元宇宙营造的空间里完成。而随着智能传感设备的普及，人们在场景中的体验感会加深，从而营造出更直观的"在场"感。这种以"场景"为范围的传播方式会更强调个体的感知能力，让传播变成感受与情感的流动，从而改变受众群体接收信息的方式。此外，信息传播和人的行为活动在元宇宙中以数据的形式存在，数据可以被永久存储，并持续开源、开放地发展。因此，元宇宙可以说是一个"永续世界"。[②] 人们在元宇宙中的所作所为和元宇宙环境中的变迁都会被永久记录，时间的概念既可以反映当

---

① 参考胡泳和刘纯懿的《"元宇宙社会"：话语之外的内在潜能与变革影响》。

② 参考喻国明的《未来媒介的进化逻辑："人的连接"的迭代、重组与升维——从"场景时代"到"元宇宙"再到"心世界"的未来》。

下的体验，也可以是永恒的体验。人们对时间的感知或将受到影响，进而引发对世界观和生命意义的反思。

从社会群体层面看，元宇宙通过算法的力量巩固了个体之间的关系纽带。基于戈夫曼在社会科学视域下阐释的"框架理论"：人们如何理解现实生活中的事物，取决于既有的认知框架，这一框架形成于个体特定的社会角色、背景、阶层等因素。算法通过识别受众的媒介使用行为，为个体推介更加符合其认知框架的社群和媒介内容，从而帮助个体做出更切合自身认知框架的行为决策。随后，在这些虚拟社群内，不断进行的社交活动使得个体受众和其他个体产生更为紧密的联系，这些联系都是基于算法的隐形控制。可见，由数据和人工智能引导的算法隐藏在虚拟社交的背后，帮助人们判断和筛选信息，辅助人们做出决策，可以说，算法将成为元宇宙这类未来媒介的内在形式。

此外，元宇宙将形成独立于现实世界的新的经济系统和征候。元宇宙具有以虚拟货币为核心的价值体系，管理者需要适时调控相应的财产权属、税收、货币监管等问题。同时，因为元宇宙开发需要强大的资本支持，元宇宙的产业市场很可能面临寡头垄断问题，资本的倾轧将使得争夺用户的不正当竞争行为盛行。[①] 用户在虚拟空间中的自由穿梭破除了物理隔绝的"墙"，而过于开放和流通的经济往来是否会对现实世界中的地缘经济产生冲击，则需要管理者在自由市场和宏观调控之间采取权衡。

总的来说，虽然虚拟空间基于现实世界而塑造，但虚拟数字人在元宇宙中开展社会和经济活动时，会面临新的变革和挑战，需要思考、建构新的秩序和规则。当时空的边界被打破时，算法和数据成为连接人与人、人与物的

---

① 参考张钦昱的《元宇宙的规则之治》。

纽带，中心化的统治力量被消解时，人们如何构筑出普适化的虚拟社会体系，这对于人类社会和伦理而言都将是一项重大的挑战，同时也会带来新的机遇。

4.5.2 虚拟世界中的真善美

电影《黑客帝国》中有一段经典台词："什么是真实？你怎样定义真实？如果你所谈论的真实是你能看到、闻到、尝到、感受到的事物，那么这所谓的真实只是你大脑所解析的电子信号。"在元宇宙中，虚、实的界限被高度弥合，人们所感知到的仿佛仍与真实世界相联系，未曾割裂而独立存在。然而，虚拟世界中的时空、主体、社群关系相对于现实世界均发生了改变，在此影响下的人类个体所接触到的社会风貌正悄然改变，人们所认同的道德理念也受到潜移默化的影响。元宇宙中的"真善美"将拥有属于这一新兴媒介的烙印，而人类主体以虚拟数字人的形式存在于元宇宙中，也将接受"真善美"观念对身心的影响，如图 4-8 所示。

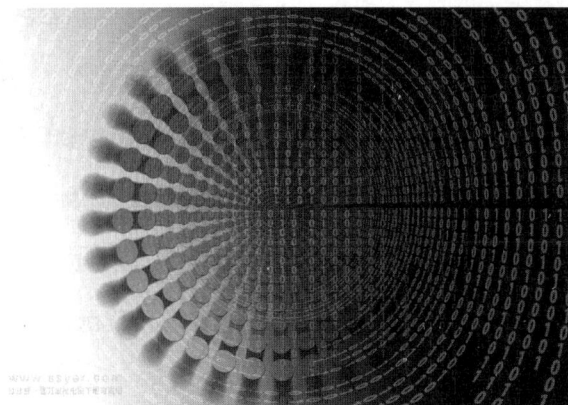

图 4-8 由代码构成的虚拟世界

在元宇宙中，万事万物都以数据为媒介，数据语言在时间与空间中穿行，连接了"人"与"场"。数据融合了万物，构建出虚拟世界的"数据哲学"。[1]
哈罗德·伊尼斯认为，不同媒介的形态对社会文化的传播产生差异化影响，[2]
而在数据融生万物的元宇宙中，该媒介的技术特点使主体在传播情境中呈现
出符合媒介属性的影响，即技术仿佛编写了"脚本"，[3] 个体的行为以脚本展现
的方式为轨迹，而这些行为也影响着社会生活的其他方面。

首先，虚拟空间的"弱关系"属性便是形塑个体行为的影响因子之一。
当人们生活在基于现实空间的熟人社会中时，人与人之间通过物理层面的接
触产生密切联系，形成稳定的熟悉感。这种熟悉感带来的确定性打造了一个
约定俗成的行为框架，令不负责任的行为付出人情、名誉、成本等方面的代价。
而在元宇宙空间中，虚拟数字人之间的连接是"弱关系"的，选择加入某个
社群具有较强的随机性，个体之间不需要也不倾向于产生更为熟络的关系。
这种现象使人们容易轻视虚拟空间中的人际关系，脱离现实世界中社会规范
的潜在约束，从而做出草率的、缺乏道德责任感的行为。例如，在虚拟社交
中，随意盗用他人照片和信息来伪造身份、对他人进行情感欺骗和钱财诈骗、
传播暴力犯罪或淫秽色情内容等，突破了道德底线，甚至越过了法律红线。
社交匿名性所带来的弱关系属性使个体不用支付"人情"[4]，因此以为自己可
以为所欲为，放弃对"真善美"的坚守。

其次，过于密集的信息和舆论将促使情感战胜理性，使情绪宣泄充斥
在社交行为中，并催生出无力感。在虚拟世界中，人们更倾向于接收到纷繁
却浅显的信息，并读取简单直接的、获得其他用户普遍认同的事件评价，这

---

[1] 参考黄欣荣和曹贤平的《元宇宙的技术本质与哲学意义》。
[2] 参考哈罗德·伊尼斯的《传播的偏向》。
[3] 参考刘明洋和王鸿坤的《从"身体媒介"到"类身体媒介"的媒介伦理变迁》。
[4] 参考陈亚慧的《论数据空间中虚拟人的道德任性问题》。

使得传播情境中单一的舆论导向性内容大行其道。这完美展现了麦克卢汉在《理解媒介：论人的延伸》中提出的"热媒介和冷媒介"理论——热媒介相当于冷媒介而言，传递更多、更丰富的信息，接收者不需要动用太多联想和理性思辨能力便可以理解。而元宇宙的具身感、沉浸感更甚于当今流行的网络社交环境，能够将信息通过多感官体验更直接地触达人群，从而令这一媒介呈现"过热"的特点。人们不再需要对信息进行深度拆解，而更倾向于接受他人对信息的评价和情感倾向，更进一步，对他人意识的频繁接受很可能使个体迷失自我、丧失判断力，甚至导致他人意识侵蚀自我意识的现象，使得个体无法感知和调节自我意识与情绪。失去理性控制的个人情绪将主宰人们的社交行为，而当聚集性且有代表性的情感倾向在元宇宙社交中广泛出现时，又将衍生出以情感为边界的领域划分方式，甚至出现"情感地缘政治"。①

此外，在元宇宙中，游戏式的交互是探索"真善美"时不可忽视的影响因子。开放世界游戏是元宇宙概念的重要应用领域之一，即便脱离游戏本身，元宇宙的交互情境也充满体验性和创造性的乐趣。虚拟数字人作为这场大型游戏中的"玩家"，在元宇宙中不仅可以让用户变换身份，还可以让用户获得穿越时空限制的"在场"体验。恰如身处游戏中一样，人们在元宇宙中的交往模糊了功利性目的，实现了"诗意地栖居"，并得以追求精神上的自由。另外，人们在虚拟空间中得以像造物主一样，体验创造与拥有的乐趣，充满了"经营型游戏"中的娱乐性。换句话说，游戏世界是元宇宙的一隅，而元宇宙是游戏世界的丰富性和多样性的延伸。个体依托元宇宙虚拟数字人进行的活动会不可避免地带有游戏化行为的特点。因此，对"真善美"的探索也将在

---

① 参考胡亦名和姚权的《元宇宙：元媒介、非自主交互与主体性衍化的奇点》。

这些交互行为的框架下展开。然而，追求自由和享乐的目的可能造成人类本能的自我释放，忽视自我反省和规诫，从而模糊现实中的道德感，放弃对"真善美"的坚守。人们在利用媒介进行娱乐的同时，应当警惕道德虚无的陷阱，调节对技术的认知，审慎地看待技术对生活的影响，以此避免在游戏般的虚拟世界中"堕落"。

4.5.3　虚拟数字人与人类的未来：竞争还是协同

随着人工智能技术的发展，学界逐渐将"强人工智能"与"弱人工智能"进行区隔，以"能够产生自我意识、对执行的任务有所觉知"来定义"强"，以"仅能够通过数据和运算机械地执行指令"来定义"弱"。换言之，强人工智能是指已通过图灵测试且能够作为可以思考的智能体与人类进行对话的超级人工智能，如图 4-9 所示。[1] 虚拟数字人作为人工智能技术的应用形式之一，是人工智能与人类智能的桥梁，是二者关系最为具象化的存在。而当拥有强人工智能的虚拟数字人发展到与人类大脑足够相似甚至超越人类的水平时，人类是否能与其和谐共存？拥有自我意识和强大思维能力的虚拟数字人在未来是否会取代人类，站在食物链的顶端？当今学界仅能做出推论和预言。

---

[1] 参考赵汀阳的《人工智能"革命"的"近忧"和"远虑"——一种伦理学和存在论的分析》。

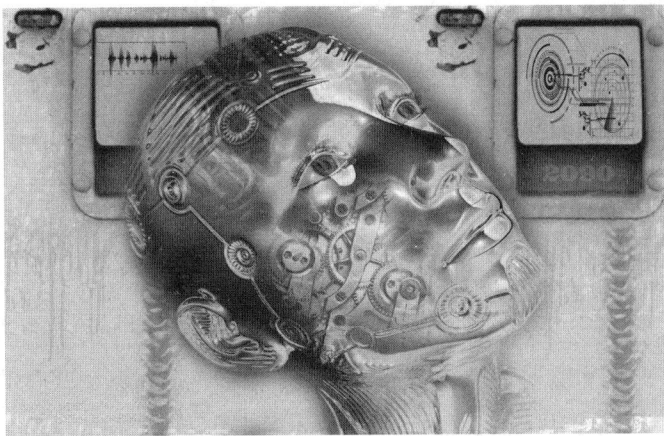

图 4-9　超级人工智能

　　最理想的观点认为：强人工智能下的虚拟数字人可以与人类和谐共存。因为人工智能的深度学习框架仍然以人为模型，习得的伦理道德观念和行为仍由人类来制定，这一过程可以类比小孩子在成长过程中对社会规范进行耳濡目染的学习。因此，强人工智能的虚拟数字人与人类的行为模式具有天然的相似性，能够与人类社会相融。这样的人工智能体被培养到足够成熟后，应当考虑赋予其"人权"的必要性。拥有独立认知的个体会设法追求尊严、自由这类不为其他事物而存在的"内在价值"，而不仅仅是作为工具为人类所用的"外在价值"。[①] 这意味着在伦理和法律层面，人类需要将虚拟数字人当作不比自身低级的个体来看待，承认虚拟数字人的主体性。这将引发人们对元宇宙中的许多问题重新进行考量，如强人工智能驱动下的虚拟数字人创作出作品，是否可以享有与人类同等的著作权？

　　除对虚拟数字人赋予权利外，对其自由度的约束也应当提前规定。尽管强人工智能和人类共生共荣的世界还只是畅想，但许多文艺作品还是勾画出

――――――――――――
① 参考翟振明和彭晓芸的《"强人工智能"将如何改变世界——人工智能的技术飞跃与应用伦理前瞻》。

了它的细节，并辅以规范性的边界——著名科幻作家艾萨克·阿西莫夫在著作《我，机器人》中提出"机器人三原则"：第一，机器人不得伤害人类，或对人类被伤害的情境袖手旁观；第二，机器人必须服从人类的命令，除非这与第一条矛盾；第三，机器人必须保护自己，除非这与前两条矛盾。这三条原则被视为现代机器人学的基石，也被研究人工智能伦理学的学者所借鉴。为了人类和人工智能可以长久地分庭抗礼，人工智能的力量需要被设限，并在技术开发初期就植入不可逆的安全保障（如紧急时刻被触发的自毁程序），更进一步，未来世界若要实现人类和强人工智能普适性地共存，就需要全球掌握此类技术的国家合力制定和运行通用的管理体系，以对人工智能的潜在威胁进行有效控制，并更好地促进元宇宙和虚拟数字人的应用与发展。

然而，主张技术悲观主义的学者认为，人工智能的过度发展将导致虚拟数字人最终取代人类，成为地球的统治者。人工智能维系的虚拟数字人即便生存在虚拟世界，也要依靠现实世界的资源，如训练和维持系统运转所需要的能源。如果未来的科技发展无法使特定的资源无限生产，就不能同时满足越来越多的虚拟数字人和人类的需求，届时必然会引发生存之争。即使虚拟数字人在设计之初就被植入以人类为核心的价值观，但也有可能会凭借主观能动性在自我的生存面前动摇。强人工智能下的虚拟数字人在谋求历史主动权时很可能会遵循人类的路径——联合起来形成怀有共同目的的群体，而虚拟数字人的群体会以类似网络系统的形式存在，在元宇宙中无孔不入，甚至可能控制人类的现实世界，像"上帝"般无处不在，让依赖互联网而存在的人类社会受到重创。虚拟数字人形成社群后将很可能创造自己的语言体系，发明独特的互动模式，成为彻底独立于人类文明的独特族群，并摆脱人类的控制。彼时的世界将以"技术"作为衡量物种价值的标尺，而从"优胜劣汰"

的角度看，肉体凡胎的人类势必无法在竞争中赢过虚拟数字人，除非人类在身体中植入适配的技术手段，对肉体的力量进行延伸，成为半人类半机械的"赛博格"，否则，强人工智能的繁衍将意味着人类地位的陨落，虚拟数字人最终或将控制地球。

鉴于对人类主体性地位的担忧，主流的观点仍主张将人工智能的发展限制在人类可控的范围内，保证虚拟数字人始终作为服务于人类的功能型工具存在。[①]2019 年 4 月，欧盟委员会发布了人工智能伦理准则，指出发展人工智能应首先尊重基本人权、价值观和规章制度，并保证技术上的安全，避免因技术不成熟造成对人的伤害。以人为本的思想贯穿古今，早在公元前五世纪，古希腊智者普罗泰戈拉已然提出"人是万物的尺度"这一哲学命题，强调人类在认识世界和改造世界中的主体地位。诚然，技术迭代的目的是增强人类的力量，而当机器逐渐变得理性时，人类自身也应当更加清醒和理智，始终对人工智能和人类智慧的此消彼长保持敏锐的觉察。在追求真理和自由的过程中，人类必须对鲁莽的意志"悬崖勒马"，及时遏制失控的苗头。

---

① 参考高慧琳的《基于麦克卢汉媒介观的新媒介技术哲学研究》。

── 第 5 章 ──
技术革命与社会价值

5.1 生产力的跃迁

虚拟数字人的出现，让人类劳动的分工与生产效率步入了一个崭新的时代。声音的复制与替换，文字语义的实时分析，图像数据的处理与编码，全网数据的采集、处理、传播实现了信息的标准化和高速化发展，大大提高了人类在信息生产、信息收取、数字空间活动的效率，虚拟数字人与人类协同共进从事生产活动的图景逐渐成为寻常的景象。

5.1.1 虚拟数字人可以 24 小时工作

虚拟数字人拥有 24 小时不间断作业的能力。它不再是一个二维的图像、一个游戏系统的角色，它如计算机一样，可能会极大地改变我们的生活。

在新闻播报领域，北京广播电视台打造的 AI 数字人"时间小妮"可以进行 24 小时不间断的信息播报，通过挖掘全网信息来传递最新动态。虚拟数字人播音员可以通过客户设置的条件对信息进行定制化传播；通过与用户语音交互，捕捉关键字，从而像搜索引擎一样，全网搜索相关新闻，对用户需求给出实时回复。

在直播带货领域，国风虚拟形象"翎 _Ling"与多个品牌方达成合作，如担任特斯拉"特约体验官"、奈雪的茶"AI 茶研师"。有些"智能直播间"中的虚拟主播可以进行 24 小时的不间断直播带货，实时与观众互动，从而节省真人精力与用人成本。虚拟数字人依托于人的社会角色和工作职能，同时兼具数字媒介的信息集成性、实时交互性、功能易拓展性等多重优势。

一些银行虚拟员工已经能够完成在银行交易场景下的自助应答、业务办理、主动服务等全流程服务，部分新潮的虚拟员工甚至活跃在短视频、虚拟直播、App 等场景，与用户进行沉浸式的交流互动，如表 5-1 所示。

表 5-1 部分银行的虚拟员工

虚拟员工	入职银行	上线时间
阳光小智	光大银行	2019 年
小浦	浦发银行	2019 年 7 月
VTM 数字员工	江南农商银行	2021 年 12 月
AIYA 艾雅	百信银行	2021 年 12 月
小宁	宁波银行上海分行	2022 年 2 月

5.1.2 虚拟数字人具备自动化生产能力

虚拟数字人的自动化生产能力可以拓展人类对客观世界的认识。在完成初始的模型训练后，虚拟数字人可以根据程序设置自行进行自动化生产，只要有能量，可以一直工作。

在数字广播层面，虚拟数字人可以自动抓取新闻并进行语音播报，同时可以根据人工智能算法自行进行新闻写作，在预报地震、实时播报体育赛事、报道突发新闻等方面，其时效性较人工作业有明显优势。虚拟数字人借助机器学习技术，能学会自己谱曲，并且作品的风格多变，是灵感永不枯竭的原创 DJ（Disc Jockey，唱片骑师，也称唱片播放师）。在数码摄影层面，虚拟数字人可以实时捕捉动态画面，对目标进行识别与跟踪，并完成相应计算。在计算机视觉应用中，虚拟数字人可以作为虚拟裁判，根据运动员的表现进行画面实时分析、打分，使结果免受自然人主观因素的干扰。虚拟数字人 "AI Wendy" 能够通过摄像头判断顾客的面部特征，并根据知识图谱判断顾客的面部信息与美妆适配信息，从而更精准地帮助顾客推荐口红、粉饼的色号。除此之外，虚拟数字人在医疗、教育、金融等层面不断通过积累数据和更新系统进行自我完善，其自动化生产成果的数量与质量也在不断升级。

5.1.3　虚拟数字人分身

虚拟数字人分身丰富了自然人的社交场域。现代技术可以参照自然人 1∶1 复刻出虚拟数字人分身，按照 1∶N 衍生出众多虚拟数字人化身，或按照 1∶N∶M 生成自然人的 N 种虚拟数字人化身、M 种高仿机器人假身。

虚拟数字人主要分为服务型虚拟数字人和身份型虚拟数字人，如表 5-2 所示。不同类型的虚拟数字人也有各自的细分方向，承载不同的功能，这也让人机交互关系更为多元。虚拟数字人的价值也从现实使用价值拓展到虚拟世界中的交换价值，以及虚实共生中产生的衍生价值。

- 使用价值。人们通过虚拟数字人分身实现"在场的缺席"，将历时性作业变为共时性作业，比如当会议时间冲突时，可以按照会议的重要次序，真身参加交流感更强的线下会，而派出自己的复刻虚拟数字人去参加只需要朗读 PPT 的线上会。
- 交换价值。虚拟数字人在虚拟社区进行数字藏品、虚拟宠物、虚拟服装、虚拟地产的交换，产生交换价值。

表 5-2　虚拟数字人分类

一级维度	二级维度	三级维度	典型功能
服务型虚拟数字人	专业服务型（公共）	内容生产型	新闻播报、产品说明等
		业务交互型	导航导览、虚拟客服等
		综合服务型	虚拟主播、虚拟教师等
	情感陪伴型（私人）	协助型	个性化理财顾问、购物助理等
		情感型	虚拟宠物、虚拟男友等
		多维陪伴型	个性化生活助理、心理咨询师等
身份型虚拟数字人	偶像娱乐型（公共）	全新 IP	虚拟歌手、模特、品牌代言人等
		原有 IP	漫画主角、电影主角、明星等
	虚拟分身型（私人）	白箱分身	与现实身份对应的虚拟分身
		黑箱分身	与现实身份非对应的虚拟分身

- 衍生价值。衍生价值则在于元宇宙中的虚实融生，人们在虚拟世界中通过付费获得的与虚拟偶像的合影，可以在现实世界中打印出来；人们在现实生活中制作的艺术作品，也可以搬运到虚拟世界进行售卖；虚拟数字人的服装需要在现实世界中通过充值、购买等途径，才能在虚拟世界中使用，就如早期 QQ 秀的稀有皮肤一样。

人类现实世界中的经济体系与虚拟世界中的经济活动以自然人和虚拟数字人为行为主体进行联通，共同进行价值创造活动。

5.1.4　虚拟数字人可充当情感化机器

虚拟数字人可充当情感化机器，能够补偿自然人在现实世界中缺失的精神追求。

从时间上看，虚拟数字人的存储功能使之具有永生性。无论是远在天边的恋人，还是已经逝去的亲人，虚拟数字人通过对目标对象声音、语言、动作、表情的学习，可以进行真身复刻，从而复现故人形象。在韩国，曾有人将一位逝去的小女孩在 VR 世界里复现，当真身复刻的小女孩说出"妈妈"的那一刻，小女孩的母亲泪流满面。未来，人们可以利用相似手段，通过虚拟数字人技术进行形象抓取，让未来的子子孙孙都可以与祖先"见面"，听祖先讲家史，让家族文化代代相传。虚拟数字人打破了时间的线性与不可逆性，让遗憾得以聊慰，相思得以安放，让人类不再囿于往事不可追的无奈中。

从空间上看，虚拟数字人将打破"遥在"的地理界限，让"现场感"成为可能。分处异地的恋人可以在虚拟空间里一起体验同样的活动。工作繁忙、漂泊他乡的游子可以通过训练好的虚拟数字人形象，在父母思念他时出现在父母眼前，与父母聊天，尽绵薄孝心。在因某些原因无法到现场参加活动时，可以在虚拟空间里进入"现场"，体验活动的影响力、感受受众的参与度。例如，邓丽君的虚拟演唱会让无数歌迷重温经典。在特定的场景下，虚拟数字人可以给出适配的信息与表现，突破自然人的生理局限、地点局限、时间局限。

情感陪伴型虚拟数字人主要分为三类：(1) 建立沟通型，如小浦、班长小艾，这类服务型虚拟数字人通过深度学习技术，具备各行业的专业知识，能够代替人工提供 24 小时的陪伴，具备交互性强、能够通过 AI 驱动获取专业知识、及时回复对方问题、营销投入小等特点。(2) 应援互动型，如龚俊的超写实数字人"霁风"等，利用粉丝对偶像的崇拜、感情认可，提供情感价值，增加粉丝黏性。这类借助虚拟数字人的营销活动的时间线较长，需要专业团队分工协作，并注意加强艺人的人设定位、制定线上线下宣传策略。(3) 心智渗透型，这类虚拟数字人的产出多为连续性的故事类视频，对于文本的要求高，需要反复推敲文案、深入生活、聚焦热点问题，这类作品的讨论角度深刻，其中虚拟数字人的人设性格多变。如一禅小和尚，其推出的内容涉及的知识面广，且有一定深度，能够解答人们生活中的困惑，并让人听到文案后有所感悟。

根据调研结果发现，偶像娱乐类虚拟数字人正在转向专业服务类，如图 5-1

所示。基于单一媒体和特殊场景开发的偶像娱乐类虚拟数字人，由于在形象适配、语音驱动、合成现实等不同解决方案的场景间存在"鸿沟"，无法进行较为流畅的场景转换，IP 衍生品的变现能力相对较差；专业服务类虚拟数字人则普遍基于 AI 技术加持，在企业形象 IP 和数智化服务场景间跳转得较为自由，例如银行交易、金融场景纷纷推出"数字员工"应用，且功能衍生发展得较为全面。

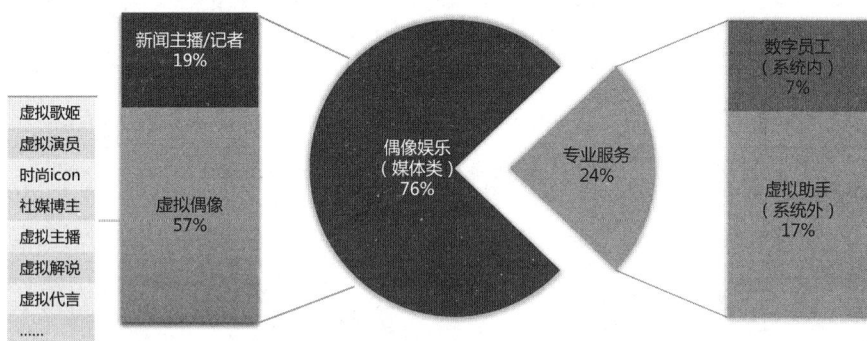

图 5-1 虚拟数字人功能身份占比

值得注意的是，虽然虚拟数字人可以为不擅长社会交往的用户提供一种模拟环境来尝试、练习，但如果人过于依赖虚拟数字人提供的情感价值，就会造成与真实的社会疏离。

5.2 媒介演化趋势

5.2.1 开启"万物皆媒"时代

媒介的演进经历了史前传播媒介，如口语传播、岩画记录、结绳记事；文字媒介，如文字的产生，书写材料的改变；印刷媒介，如图书、报纸、杂志；

电子媒介，如电报、传真、电话、摄影；大众传播媒介，如广播、电影、电视、唱片与录音；数字媒介，如传统媒介的数字化，网络；未来媒介，如 AR（增强现实）、VR（虚拟现实）、MR（混合现实）、虚拟数字人、高仿真机器人等。未来媒介中的 5G 技术、大数据、传感器等应用如今已经逐步成熟，开启了万物皆媒、万物互联的时代。

英国作家汤姆·斯丹迪奇在《社交媒体简史》中指出，能真正渗透进人们日常生活的都是"老媒体"，古罗马的《每日纪事》就是一个典型代表，读者传阅同一本书，在同一本书上批阅，或互通消息，或玩文字游戏，从而连接起了读者的思想。在智能传播中，平台型社交媒体带人们进入了万物互联的时代，人与人通过平台得以连接，社交关系也开始重塑。

对于虚拟数字人的发展而言，未来的信息系统将更为完整。截至本书完稿时，虚拟数字人分为真身复刻虚拟数字人、卡通萌宠虚拟数字人、写实虚拟数字人、超写实虚拟数字人。"可穿戴系统""个性化引擎""传感技术"将现实世界中的感知信息同步上传给虚拟数字人。除此之外，虚拟数字人不但可以是真人的分身，也可以是独立的主体，在现实世界与虚拟世界中承担功能类角色、情感类角色、社会类角色。

未来，多元的传播主体，如自然人、智能设备、虚拟数字人、高仿真机器人等将在新的系统中和谐共生，重建传播生态。

5.2.2 虚拟数字人是身体、思想、情感的延伸

通过分析学者的理论，可以发现无论是麦克卢汉的"媒介即人的延伸"，莱文森的"媒介在一定程度上是人类各种器官功能的外化"，还是凯文·凯利的"科技是观念的延伸躯体"，这些理论都指向媒介可以延伸人类在不同层面

的功能。虚拟数字人进化的意义不仅仅是复制，还延伸了人类的器官、思想及情感，成为"谈话与行走等互动形式的再组合"。一种媒介是否能长久生存，取决于它能否重构人类的连接方式，促进信息的流动；能否更为精准地增强人们对现实的把控；能否扩大人类的活动半径。虚拟数字人与传统媒介最大的不同在于其对人类记忆、思维及情感的重现，这突破了人类本身的生理和场景桎梏。

随着算力的加强，虚拟数字人的进化速度远远超过生物的进化速度，其记忆与预测能力将推动世界迎来第四个智能时代。杰夫·霍金斯将智能划分成了三个时代：第一个智能时代是距今数十亿年前，DNA 开始具有特定记忆与预测功能；第二个智能时代是距今约 100 万至 200 万年前，哺乳动物的神经系统可以被修改，因此形成新的记忆；第三个智能时代是人通过学习世界的多样结构，通过语言将信息传递给其他人，因而具有独特的感知与觉悟。玛蒂娜·罗斯布拉特在此基础上提出第四个智能时代，即随着虚拟数字人出现而产生的智能时代。思维"克隆人"或"网络人"的自我复制，实际上是对思维数据、思维软件设置的复制，这些内容可能会与另一个思维"克隆人"或"网络人"的配置交融。网络生命能够将其一生获得的数据全部复制并传递给下一代，且这种生命体的记忆能力、预测速度要比人类高出很多倍。

媒介记忆是媒介通过对日常信息的采集、理解、编辑、存储、提取和传播，形成一种以媒介为主导的人类一切记忆的平台和核心，并以此影响人类的个体记忆、集体记忆和社会记忆。虚拟数字人作为新型媒介，有助于跟踪、统计、分析、模拟和展演个体记忆、集体记忆、社会记忆、民族记忆、历史记忆、新闻记忆、文化记忆、国家记忆、世界记忆，在未来发展中还能复制、存储和再现这些记忆。由此，图书馆、档案馆、博物馆、美术馆等文化机构，在事件再现、场景再现中被虚拟数字人技术赋能，从而重构数字资源管理，数字记忆应用系统，为人文社科研究提供进一步的创新服务与资源支撑。

5.2.3 虚拟数字人是对过往媒介的修补

从媒介进化论的视角来看，保罗·莱文森认为：技术进化的内在机制是既有媒介对以往媒介功能的修补与延伸，以此满足人类的需求，推动社会的发展。正如广播是信息接收中听觉系统对报纸视觉系统的修补，电视是视听系统对广播听觉系统的修补，互联网集成了视听系统与行为交互，是对传统媒介的修补。莱文森认为一种新的媒介初入社会时，一开始是被当成"玩具"供人娱乐的，然后随着技术的发展，越来越深地被卷入大众生活，最后随着新媒介的崛起而逐渐边缘化，甚至成为稀有的艺术品。该媒介进化规律呈现了一种新媒介发展会经历的"前现实—现实—后现实"三个阶段。

媒介进化的人性化趋势理论认为：技术的变迁总是在朝着人性化的方向进化，在迎合人类需求中获得"生态位"。虚拟数字人作为智能媒介的产物，在很大程度上满足了人类对媒介的需求：首先，虚拟数字人延伸了人类对空间感知的生物界限；其次，虚拟数字人不仅延伸了视觉等外部指向型的自然感知系统，还涉及记忆、想象、情感等人类心理认知系统；最后，虚拟数字人满足了人类在精神文化层面的交流需求。

如今，数字分身在社交领域的应用备受 Z 世代的青睐，以 Soul App 为代表的社交软件成为许多年轻人交友的新方式。Soul App 自搭建平台起，便不支持用户上传个人真实头像，在 2022 年更是提出了要打造"年轻人的社交元宇宙"这一概念，强调虚拟化和匿名性。另外，Soul App 内部还有涉及化妆、建模等领域的专业 3D 捏脸师，能够为用户定制专属的虚拟化身形象。在虚拟社交中，真人与其数字分身的关系，可能存在以下两方面的特点：一方面，数字分身是真人观点、性格、想法的"映射"，数字分身在社交元宇宙中的言行和其在真实世界的呈现保持高度一致；另一方面，数字分身可以帮助真人弥补现实与理想之间的差距，为用户构建一个想象中的世界并提供心理满足感。

虚拟数字人将开启人类的自我认知革命，即图灵革命。在计算机视觉技术、语音加工技术、自然语言处理技术等人工智能技术的驱动下，虚拟数字人逐渐具备高感知能力，并具有实时响应、智能纠错、智能教育等功能，将影响人类与世界的沟通方式。虚拟数字人将在更多领域替代人类执行越来越多的原本只能由人类承担的任务，在很多方面，人类的独一无二性将受到挑战。截至本书完稿时，虚拟数字人已出现在文娱、教育、医疗、金融、生活等多个领域。虚拟数字人与自然人的连接、交互和日常生活的融合，正逐渐构建出一种新型的人机共生体。这种共生体不仅推动了技术创新，还在塑造人类的行为模式。这将给人们的思维方式、审美观念和生活习惯带来深刻的变革，为我们的生活带来全新的视角和体验。

5.2.4 传媒业态的重构

虚拟数字人将与真实用户共同塑造虚拟景观。人们在与虚拟数字人进行人机交互时会形成情感连接，与其他人一起观看虚拟偶像的演出时，会形成互动仪式链，构建起共同记忆。在传媒产业中，虚拟数字人对传媒产业的重构主要在于传播对象多元化、传播内容多模态化、传播渠道双链化等。

1. 传播对象多元化

在传播对象上，虚拟数字人拥有多重角色。1.0 时代的虚拟数字人制作求真、求快；2.0 时代的虚拟数字人制作利用了 AI 赋能，能够生成 AI 超写实虚拟数字人、由 AI 实时驱动的 3D 超写实虚拟数字人；3.0 时代的虚拟数字人则拥有 AI 赋能的数字化性格，采用多元形式构建虚拟数字人既可以实现低代码甚至无代码，也可以实现真人与虚拟数字人的虚实共生。

对虚拟偶像的舆论进行分析可以发现，虚拟偶像舆论框架初步形成了"肉身"（外形身份）、"具身"（功能身份）、"社身"（社会身份）三种评价维度。

虚拟偶像跨次元定位的"蓝海"时代已经过去，多功能融合的虚拟偶像开始成为"红海"。在未来，虚拟偶像的新功能、新应用、新数字人格、新衍生价值，还存在"溢出蓝海"的空间，其大致可以分为以下几个阶段。

在第一阶段，虚拟偶像的数量较少且头部虚拟偶像的热度极高，但是其人设、外貌等要素皆由虚拟偶像运营商掌握和设置。随着语音合成技术的发展和普及，粉丝群体开始发挥主观能动性，为其喜爱的虚拟偶像创作歌曲或翻唱偶像的作品。

在第二阶段，随着动作捕捉和人工智能等技术的发展，虚拟数字人的应用将从 B 端过渡到 C 端，由此衍生出"粉丝＋虚拟偶像＋产业"这种内容共创的新模式。

在第三阶段，虚拟数字人厂商将根据目标消费者的需求和喜好定制虚拟偶像，甚至让消费者直接"参与"虚拟偶像的制作过程。在这种内容共创的模式下，粉丝参与度较高，因此他们对周边产品的购买意愿也会随之而提高，从而提升虚拟偶像的变现能力。

作为带货主播，虚拟数字人可以进行 24 小时不间断的直播带货，比真人有更多的精力。2020 年，自带流量的虚拟偶像洛天依进行了一场跨界直播带货，1 小时内的观看人数最高达 270 万人。作为数字新闻记者，虚拟数字人播报的文本内容可一键生成，信息处理全自动、人物语音动作设计全自动、视频合成全自动，极大提高工作效率；在问答领域，虚拟数字人可关联专业知识库，只要录入客户现有的问答语料，即可迅速给出专业的回答；在知识传播领域，虚拟数字人掌握天文、地理、财经、生活等多类信息，能针对不同的对话场景进行传播，并能持续优化内容。

柯林斯提出，仪式能够激发情感，而情感又会进一步回应和提升人们对仪式的感觉。虚拟数字人"柳叶熙"等破圈而来，虚拟偶像与粉丝的关系也发生了转变。在虚拟偶像的兴起过程中衍生出的技术互动与情感互动模式，促进了虚拟偶像与粉丝关系特征的显现，主要有以下三点：一、共生关系，受众不仅是虚拟偶像的追求者，也是虚拟偶像生命的赋予者；二、低成本情感场所，智能交互软、硬件成本的逐步降低，使越来越多的受众可以通过与虚拟偶像的交流获得心理上的满足；三、新互动仪式，仪式可以通过循环而成为固定的模式，并拉近虚拟数字人与受众之间的情感距离。

2. 传播内容多模态化

虚拟数字人可以进行音频、视频、全息影像传播。刘海龙教授提出"具身传播"，探讨虚拟现实技术重构了身体与媒介技术的两个重要取向。一个取向是在社会互动游戏上，虚拟数字人将激活个人的镜像神经元，将人拉入"沉浸式体验"的虚拟空间，作出虚拟的"刺激—反应"；另一个取向是在增强技术的辅助下，个人对现实的认知更加基于数据化，更加精确。虚拟数字人也将根据人类的行为偏好，有针对性地传播信息。

元宇宙中的每位用户都会参与创建虚拟空间，贡献自己在元宇宙中的资产。虚拟数字人是个体参与数字内容创作的化身。稳定、完善的内容共创系统能够消除潜在的障碍。基于共创文化，虚拟世界的内容设计不再局限于少数专业的设计师。元宇宙开发者应捕捉可供用户发挥想象力的空间，并为新手创作者的积极参与提供激励措施。共创空间可进一步扩展到人工智能协作领域，用户能够以虚拟数字人的身份和人工智能协作进行共创。

3. 交互方式的平权化

虚拟数字人与自然人的传播实现了"感官上的在场"，人类与虚拟数字人的社交生活既有日常交往的真实、朴素特点，又保留了社交媒体的匿名性、平等性、流动性低社交成本这一特点对解决人类在现实的人际交往中存在的一些问题有积极作用，而且消除了身份差异的壁垒。用户与虚拟数字人互动，不仅能获得存在感并得到某种满足，还能获得交往的意义感与对关系的掌控感。

4. 传播渠道双链条化

虚拟数字人可以在现实世界与虚拟世界进行双链条传播。

虚拟数字人传播的第一个特征是情感化。尼尔·波兹曼曾分析过：掌握文字需要学习，并且是理性的活动。观看视频影像不需要在前期投入学习成本，可以直接为用户带来情绪化感受。这种情感化的媒介形式将使网络用户倾向于接收情绪化、道德化的信息，理性被压制在情绪之下。

虚拟数字人传播的第二个特征是日常化。随着动作捕捉、渲染引擎等技术的发展，用户可以一键生成专属的 3D 虚拟形象。设计一个虚拟数字人角色的技术门槛逐渐降低，人们可以轻松省力地对真身复刻虚拟数字人完成角色选择、场景设置、剧本制作等操作。在线上社交活动中，用户可以根据 Avatar Stndios 的表情驱动，自行进行美颜美妆、粘贴卡通贴纸等操作。虚拟数字人社区不仅拥有派对沙龙、多场景内容制作等创新性体验，虚拟数字人的视觉效果也将更加细腻、真实。

虚拟数字人传播的第三个特征是平台互联化。在与现实世界的互动中，有以麟 & 犀为代表的新国风数智达人、R.I.M. 瑞米为代表的泛娱乐代言人、古逸飞为代表的体育数智达人等。基于表情迁移、人脸重建、语音合成等技术组合，以谷爱凌为原型制作的数字分身 Meet Gu，可以通过趣看、趣听、趣玩的场景设置与粉丝互动,从而进一步弘扬向善、向上的体育精神。

5. 传播主题亲民化

在传播主题上,"技术""科技""品牌""产品"这几个话题在身份型与功能型虚拟数字人上有所重合,这反映了舆论普遍关注我国虚拟数字人的技术水平;"用户""市场""体验""场景"这几个话题的重合反映了舆论对市场层面的应用场景和用户体验的关注。从图 5-2 中可以看到,在关于身份型虚拟数字人的讨论中,出现频次最高的话题包含"元宇宙""内容""形象""未来"等,反映了舆论开始思考虚拟数字人在元宇宙中的定位,以及对虚拟数字人未来发展的讨论。

从图 5-3 中可以发现,在关于功能型虚拟数字人的讨论中,出现频次最高的话题包含"智能""动力""汽车"等,反映了舆论对虚拟数字人在智能功能上的期待。虚拟数字人在汽车领域的应用往往能够激发舆论的热度,这反映出 C 端消费者对车载虚拟数字人助手的兴趣。

图 5-2 关于身份型虚拟数字人的讨论中出现频次最高的前 20 个话题

图 5-3　关于功能型虚拟数字人的讨论中出现频次最高的前 20 个话题

如图 5-4 所示，可以发现，讨论虚拟数字人"未来"的媒体以网页、App 为主，社交媒体占比较少，这体现出垂类用户对虚拟数字人的关注度较高。

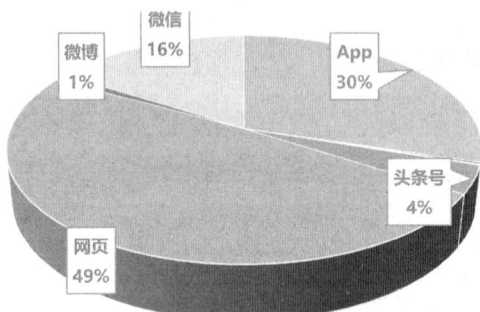

图 5-4　舆论中探讨虚拟数字人"未来"的媒体分布类型

如图 5-5 所示，在情绪倾向分析中，绝大部分话语为"中性"倾向，体现出舆论对虚拟数字人的未来发展持客观、中立的态度。

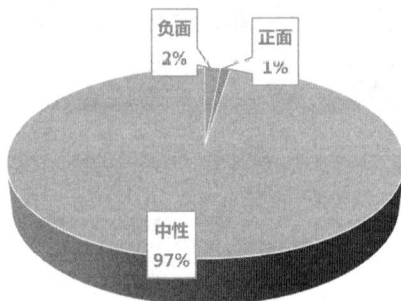

图 5-5　舆论中探讨虚拟数字人"未来"时呈现的情绪倾向占比

如图 5-6 所示，可以发现舆论中对功能型虚拟数字人的情绪倾向（正面与负面的比值）呈现非常积极的态势，暗示公众对技术改造生活的向往。而舆论对身份型虚拟数字人的情绪倾向较为悲观，这或是因为受到"饭圈"文化中激进情绪的影响，或受到虚拟偶像负面新闻的影响。

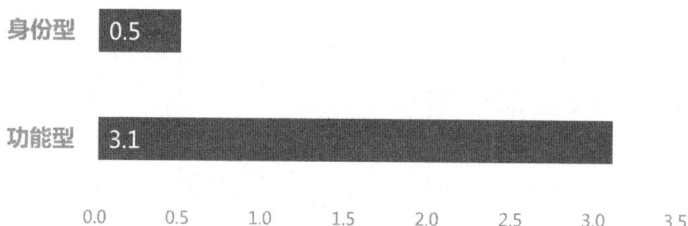

图 5-6 舆论中对功能型和身份型虚拟数字人的情绪倾向

如图 5-7 所示，自媒体对虚拟数字人的情绪态度存在较为消极的倾向性，很多都在关注虚拟数字人曝出的负面新闻，而官媒对虚拟数字人的态度始终较为中立。

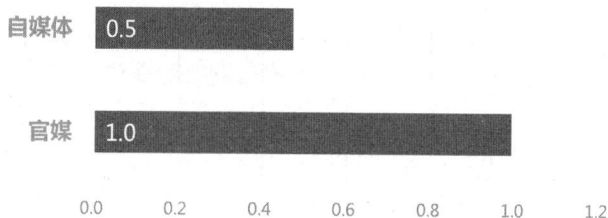

图 5-7 自媒体和官媒对虚拟数字人的情绪态度

虚拟偶像作为身份型虚拟数字人，受到 C 端用户关注、与用户产生深度共情后，凭借更新动态就能吸引大量流量。2022 年 5 月 10 日，字节跳动和乐华娱乐联合发起的虚拟女团 A-SOUL 发布官方声明，称成员珈乐将于 5 月 20

日进入"直播休眠",即退出荧幕。作为该时期运营最成功的虚拟偶像之一,A-SOUL 这一新闻引发轰动。在舆论发酵期,有粉丝爆料经纪公司对 A-SOUL 背后中之人存在压榨,引发舆论的强烈不满。如图 5-8 所示,事件发生当月,舆论情绪倾向较前两月而言,呈现明显的消极态势,"中之人被压榨"话题在微博引发众多网友讨论。

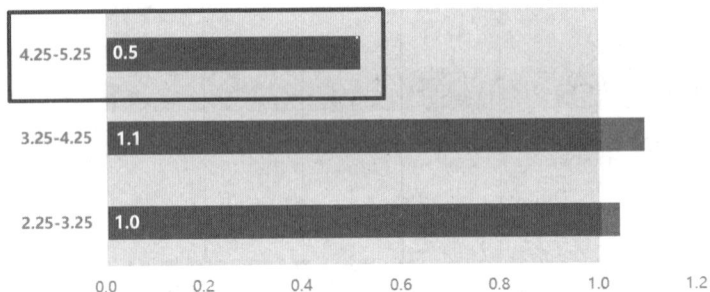

图 5-8　虚拟偶像的负面新闻对网民情绪倾向的影响

经过上述分析可以发现,虚拟数字人得到了社会越来越多的关注,与其相关的新闻等也会影响人们对该虚拟数字人的情绪态度。在多重社会环境中,虚拟数字人以"人"的形态参与物质流和信息流的交换,并形成一种新的传播逻辑、机制与模式,将给社会生活的方方面面带来深刻改变。

5.2.5　传播理念的反思

需要警惕的是,技术只是人类文化中的一个部分,它能否起到好的作用,取决于社会集团能否对其进行正面利用。

虚拟数字人离不开团队的运营,其经纪人和运营团队为其树立"人设"、规划发展路径。作为媒介环境学者,刘易斯·芒福德深刻认识到制度主义对技术控制的巨大作用。运营团队的商业策略往往决定了虚拟数字人的职业生涯，例如翎_Ling 一开始深受网友喜爱，但后期因为带货、营销痕迹过重，遭到网友"吐槽"。继达拉斯·斯麦兹的受众商品论揭示了大众传媒"剥削"受众的事实后，丹·希勒在《数字资本主义》中也提到，互联网并没有改变资本主义市场对劳动进行控制的基本性质，网络用户仍然是被"剥削"的群体。在注意力经济的驱动下，虚拟数字人社区以各种有趣的活动和激励机制提高用户黏性。如果用户在时间均衡分配方面的能力不足，将很难有精力关注社会的结构性问题，在娱乐信息中麻痹自我，成为马尔库塞口中的"单向度的人"。

虚拟技术将人们拉入共同的虚拟空间，这里的生活是一个没有上下级、没有制度权威的"虚拟乌托邦"。然而"沉浸式体验"和"类社会互动"所带来的也可能是网络暴力的虚拟镜像化。面对虚拟数字人，也许人们会释放人性中的不规范行为，使得虚拟社区的环境失序。

虚拟空间背后必然隐藏着新的规则制定者。在虚拟数字人世界中，装备、皮肤、虚拟地产等，是否会塑造新的虚拟世界阶级？在万物互联的时代，虚拟数字人是否会对人类的隐私安全造成侵犯？当 UGC 下的元宇宙呈现数据指数型增长时，一个完善、科学、多维度的审查体系是不可或缺的。与社交媒体中的审查机制相似，虚拟空间中的审查可能会让用户无法与违法的虚拟数字人互动，或无法访问违法的元宇宙空间，还会限制虚拟数字人表达某些关键词、做出某种身体姿势，也可能自动删除某些被判为违规的数据等。实现这些需要进一步加强管理。正如乔姆斯基所言："技术为善还是为恶，最终看掌握在谁的手里。"

5.3 人文社会发展

5.3.1 重构"人-机"关系

信息技术、控制系统和传播手段的发展，使得有机体（如人类）和机械体（如机器人或智能系统）得以有效沟通和互动。随着这些技术的进步，人机关系正在从传统的"人机协同"模式逐步演进为更加紧密和协调的"人机共生"模式。

这种发展正在推动人类的思维方式进行转变，人们开始以全新的视角看待技术和环境的相互作用。随着人机共生关系的不断加深，我们可以预见未来将出现更多创新的交互方式，这将进一步改变我们的生活方式、工作方法，甚至社会结构。

从刘易斯·芒福德到马歇尔·麦克卢汉，从保罗·莱文森到约书亚·梅罗维茨，媒介技术本体论的核心观点是"媒介并不是主体间或主体与客体之间传递信息的中性管道"，学者们反对将媒介技术作为工具对待，并认为机器有其自身的结构意向。这也说明在元宇宙与现实世界中，自然人、虚拟数字人、仿真机器三者之间的关系不是三元分离的，智能技术使"身体性存在与计算机仿真技术之间、人机关系结构与生物组织之间、机器人科技与人类目标之间，并没有本质的不同或者绝对的界线"。

虚拟数字人将构建起独特且更为复杂的社交关系，包括强关系、弱关系和匿名关系等。强关系是同质性强的联系紧密的社交关系，微信便是强关系的代表媒介；而以微博为代表的弱关系是异质性强、较为脆弱的社交关系。在人机共生的社交元宇宙中，不仅包含"陌生人社交"天然具备的弱关系，又因虚拟社交的匿名性，让用户敢于在虚拟互动中呈现"表相"大于"本相"

的语言和行为，因此还能满足用户建立亲密关系等"强关系"需求。

自然人在元宇宙中可以拥有以自我为原型的虚拟数字人化身，以及随意指定的诸多虚拟数字人分身。元宇宙的虚实相生，让主体观念的流动从"人机融合"扩展至"机－机"融合，自然人、自然人的虚拟分身、虚拟数字人、虚拟数字人分身在同一场域内共存，共同重构经验世界，形塑社会文化结构。

"互动"最初在学术界被定义为信息传播过程中接收者对获取的内容的反馈。这个过程涉及不断修正信息，并具有显著的双向性特征。而人机交互则专指通过计算机的输入和输出设备，以有效的方式实现人类与计算机之间的沟通与交流。在元宇宙中，个体间的交互不再仅限于共享同一物理空间。相反，互动的领域扩展到了物理空间与虚拟空间的结合，这不仅在深度上，也在广度上大大超越了传统的人机交互，开辟了全新的交流维度。

虚拟数字人化身能让主体在现实世界中更自信。海神效应指出，人们自己想象出来的外表对自身行为有影响。例如，如果一个人在虚拟世界中拥有一个非常有人气的虚拟数字人，那么他能体会到与现实世界中不一样的人生，从而从不同侧面去审视自己，变得更加自信。用户在元宇宙世界的自信程度与其化身的吸引人程度是相对应的。在现实世界中，人的身体装饰具有文化普适性。在元宇宙世界中，化身可以选择任意外表，从而对人在现实世界中的缺憾进行补偿。如将具有吸引力的化身给予有身体缺陷的或对形象感到自卑的人，将在一定程度上增加这类人的生活自信心。

英国媒介学者玛伦·哈特曼曾提出"信息传播技术的三重勾连"，他关注新技术使用的社会和空间场景，并通过作为技术物品、符号环境和个人文本的三重技术价值对新媒介技术在日常个体生活实践中所产生的意义进行了论述。从人、技术、环境的终极演化角度来说，虚拟数字人的价值具体表现在：

作为自然人本体进入元宇宙的技术实现层，作为虚拟客体和新的元宇宙环境的交互层，以及作为虚实意义建构和价值共创层。在元宇宙社会形态中，虚拟数字人技术并非单纯地不受限制地传播和扩散，其必然和作为实际操控者的自然人以及完整的元宇宙时空流信息系统产生千丝万缕的联系，文化、意义和价值从其中产生。

5.3.2 关系复杂性的升维

数字化是网络媒介存在的前提，也是网络媒介最基本的传播特点。虚拟数字人是声音、图片、文字、图像等多种传播符号的有机结合，结合了不同的媒介优点，也是媒介融合的基础。人们在数字化环境中与虚拟数字人共存，人机关系的复杂性也将得到进一步的提升。

在虚拟社区中，参与者空前多元。不同地域的受众根据自己的兴趣组成虚拟共同体，并且可以展开虚拟交互。因而，在网络中，无论是参与者还是内容创作者都逐渐向草根化方向发展，这一方面象征虚拟社区的民主化潜力，但在另一方面也导致内容质量下降、低俗、庸俗等问题。不同的信息碎片结合在一起，使得用户在虚拟世界中接收的信息缺乏完整性和深度。缺少把关人也会造成网络谣言的泛滥，虚拟数字人在虚拟社区中传播谣言，也是影响现实世界中受众的认知。同样，数据的同步也会造成大量的信息安全问题，如果没有有力的规制，网络犯罪、电信诈骗、套取个人信息等问题届时将层出不穷。

多模态交互数字人可帮助虚拟数字人跟自然人建立情感上的信赖关系，让虚拟数字人看起来像人、听起来像人，无限接近真人，真正做到"知心、走心、关心"。"知心"即虚拟数字人能准确理解用户表达的意思；"走心"即具备情感智能，虚拟数字人可给出有同理心的应答；"关心"即具备主动性的智能交互系统，起到主动关怀用户的作用。多模态交互的技术支撑是多模态感知和理解、知识推理和决策、情感智能等。

人们的传播模式，也将从大众传播、两级传播、裂变式传播，变成人机的 N 级传播，曾被大众传播所忽视的传播者与受众的"关系"将变得十分重要，消息内容也更加复杂。网络关系的强度是影响网络效应的重要因素，虚拟数字人能为更多供方和需方提供服务，从而极大增加了用户规模。依据格兰诺维特对关系强度的经典阐述，多边用户在网络内的关系强度无疑在提升。当网络规模和关系强度超过一定阈值后，将激发出同边和跨边网络效应，从而帮助虚拟数字人获得竞争优势，进一步增强用户黏性。但相邻物种的资源需求重叠且该物种数量过多就会引发过度竞争，从而导致种群"稳定性下降"。如果因为开发过多虚拟数字人而引发竞争的拥挤效应，将破坏虚拟世界的"稳定性"，造成过量开发、用户信息过载的情况。

5.3.3 人类生存模式的改变

基于 VR 技术，可以使用计算机创造一个逼真的 3D 虚拟环境，为用户提供生动的视觉、听觉和触觉，如图 5-9 所示。当人们站在虚拟现实环境中，他们会觉得自己是置身于现实中的。人们在这里，可以听虚拟数字人讲课、表演，与其他虚拟数字人分身在线上开会，或者环游世界。在 VR 新闻中，虚拟数字人记者将新闻事件三百六十度全方位地呈现，具有"带给用户沉浸式的场景感""改善用户的感官体验""引起用户的无限想象"三个特点。场景化呈现和沉浸式传播给用户带来深度的人机共融。

图 5-9　VR 技术

AR 技术是在虚拟现实基础上发展出来的一种新技术。它将计算机生成的信息叠加到现实世界的信息之上，增强用户对现实世界的体验和认知。

MR 技术使用 VR、AR 技术合并实现现实世界和虚拟世界，从而产生新的可视化虚拟环境，在新的可视化虚拟环境里让物理对象和数字对象共存并进行实时互动。MR 技术能通过补充和叠加 AR、VR 技术，达到一种真实世界与虚拟物体共存的状态，使用户感知不同的日常生活信息，并最终得到良好体验。MR 技术的核心是通过叠加信息来增强用户对现实环境的感知，而非将虚拟世界替换为现实世界。在 MR 技术的帮助下，人们与虚拟数字人的交互会渐渐脱离硬件设备、平台权限的桎梏。

虚拟数字人技术让用户体验到了虚拟空间，但也可能导致个体出现网瘾或社会性逃避状态。一方面，高度拟真的数字角色给用户带来了紧张刺激的快感以及新鲜感，经过精心设计的游戏关卡更是让用户"欲罢不能"，这会导致自控能力较差的用户沉溺其中。另一方面，个体能够在游戏中实现在现实生活中无法实现的自我价值，从而得到满足。而数字角色这一身份，也为用户提供了一个虚假的"避难所"，如在虚拟的社交游戏世界中，用户不需要面对两性、事业和家庭等社会问题。然而，长此以往可能导致用户对现实社会产生下意识的逃避情绪，毕竟游戏本就因"容易使人沉迷"而饱受诟病。在体验经济的驱使下，沉浸感更强的游戏场景对人类而言到底"是福是祸"，其中尚有未知之数。

5.3.4 新生代的全球化互动

赫伯特·席勒在《大众传播与美帝国》中揭发了帝国主义利用强大的资本实力向其他国家灌输美国政治和商业意识形态（如通过"漫威"塑造一系列人物形象）。虚拟数字人作为国际传播中的形象符号与文化载体，可以突破语言、地域、官方身份的传播桎梏，通过精神传递、价值观弘扬，提升我国跨文化传播的软实力。

从互联网层面来看，赛博空间形成了以 GAFA [谷歌、苹果、Facebook（后更名为 Meta）、亚马逊] 为首的西方互联网企业阵营，其通过网络影视、书籍、手机软件等媒介对中国展开文化入侵乃至"技术入侵"。中国也形成了 BATJ（百度、阿里巴巴、腾讯、京东）互联网企业对外传播阵营。腾讯将 WeChat（微信）作为拓展国际市场的切入点，支持 iPhone、Android、Windows Phone、塞班、黑莓等多种平台，并推出英语、印尼语、泰语、葡萄牙语、越南语等版本。百度公司推出百度安全卫士的泰语、葡萄牙语、印尼语和西班牙语版本，在各国市场遍地开花。新"BAT"中的字节跳动（后更名为抖音）推出了抖音国际版 TikTok 短视频 App，迅速风靡海外应用市场。TikTok 成为 2021 年世界访问量最大的互联网网站，2022 年 10 月 TikTok 全球日活跃用户数（DAU）突破 10 亿。这为中国提升舆论引导力提供了坚实基础。

近几年，中国国潮虚拟数字人屡出爆款。古风虚拟数字人柳夜熙在 2021

年下半年就积累粉丝 800 万人，单元剧以 12 生肖为线索，生动讲解中国神话故事，国风与朋克混搭体现了中西合璧的风格。柳夜熙等虚拟数字人的成功，反映出虚拟数字人运营模式的多样化，例如，以美妆为切入点的虚拟数字人形象和中国传统文化的结合。这些虚拟数字人不仅为中国文化的海外传播建立起文化自信，也在技术、内容创新上起到了推动作用。例如，柳夜熙的设计团队"创壹视频"就计划推出更多不同领域的虚拟人物，以满足不同受众群体的需求。

然而，尽管技术在不断进步，但构建这些虚拟数字人的技术门槛仍然较高，涉及多项复杂的技术步骤，如原画设定、建模和骨骼表情绑定等。技术服务商（如科大讯飞）正在加大研发和平台开放力度，提供更全面的产品服务，以支持虚拟数字人的发展和应用。

虚拟数字人领域的发展显示了虚实结合的世界对新型虚拟产品的需求，尤其是在元宇宙和虚拟偶像领域。这些创新性的虚拟数字人不仅在技术层面取得了突破，还在文化输出和商业价值方面显示出巨大潜力。

随着文化和旅游资源的数字化，以及服务型虚拟数字人在文旅领域中的应用不断加深，旅游场景中的虚实交互程度将进一步提升。文旅产业的虚实相融是对游客体验的优化和革新，也是使区域传统文明得以继承和延续、对文化进行再创新的一种途径。

2022 年 11 月 30 日，微软资助的美国 OpenAI 实验室发布 ChatGPT 大型语言模型，被训练为能够理解和生成自然语言文本的聊天机器人，以便与人类进行对话和交互。ChatGPT 使用深度学习技术和海量的语言数据集进行训练，以便能回答各种各样的问题，并能根据对话的上下文生成合适的回复。截至本书完稿时，海外和国内的用户已着手探索该聊天机器人的各种应用方式，如作为搜索引擎、写稿、生成或纠正代码等。国内外的其他互联网巨头公司也宣布将发布类似语言模型。未来，可用于聊天的 AI 语言模型将与虚拟数字人形象进行有机结合，极大提升虚拟数字人的智能对话能力。

国潮虚拟数字人、国际化虚拟数字人的海外传播，能积极提升我国的文化感召力、形象亲和力、话语说服力、舆论引导力，为构建"多种声音，一个世界"贡献自己的力量。

—— 第 6 章 ——
众说虚拟数字人

6.1 虚拟数字人的广告主

6.1.1 广告主视角下的虚拟数字人的外观

随着人工智能技术的不断迭代升级，理想照进现实，越来越多的虚拟数字人涌现到人们视野中，洛天依、初音未来等虚拟偶像率先打破次元壁，参与线下的商业演出活动，翎_Ling、IMMA 和柳夜熙等虚拟网红的一夜爆红也让各大品牌方意识到虚拟数字人营销的新趋势，各大企业纷纷启用虚拟数字人作为品牌营销代言人。

首先，虚拟数字人的外观形象各有特色。当前，广告营销类的虚拟数字人主要分为两种情况：一种为品牌方自主打造的虚拟数字人，另一种为品牌方与外部独立运营的团队打造的虚拟数字人进行商业合作，如 Lil Miquela、IMMA、AYAYI 等。无论是哪种类型，对于虚拟数字人而言，广告主所关注的第一要素便是其引人注目的外观形象。正如营销创意人陈格雷所言，高仿真虚拟数字人现在有一个高时尚、潮流值的势能，企业在选择虚拟代言人时更看重其影响力、势能、外观。其中的"势能"指的是虚拟数字人在视觉营销中不可小觑的推动力。视觉营销主要分析环境的空间特征、颜色和灯光的明亮程度等对消费者购物行为产生的影响。毕竟人们通过眼睛获取 80% 以上的信息，所以视觉在营销实践中具有不可替代的重要性。高仿真虚拟数字人通过其与真人几乎无异的外貌和时尚的造型，逐渐成为视觉营销不可或缺的一部分[1]。

其次，虚拟数字人的性格设定丰富。除了酷炫、时尚的外形，虚拟数字人在广告营销中也因其性格设定而吸引到很多消费者。媒体工作者、人民网编辑曾帆，在接受针对本书的采访时曾说："如果虚拟数字人在跟我的互动中能体现出虚拟形象具有的一点点比较明显的人物性格，可能会更好地吸引我。"虚拟数字人拥有自己的性格设定是品牌营销的一大助益，可大大拓展交互的可能性和营销场景。品牌虚拟偶像通过真实的声音、形象、性格等融入人们的生活，可视化地呈现品牌的一切，成为人们认知品牌的窗口。同时，受众通过视听模式和虚拟角色进行交互，激发了自身身体的感知，最终触发想象，让自己沉浸在广告主想要传达的品牌内涵和价值观中，受众对营销内容的解码效果也会由此得到提升。

当今消费者对于产品的认同，从价格、功能等单一的理性视角扩展为品牌风格、理念等感性视角。为消费者提供良好的感官体验已经成为产品能脱颖而出的方法，消费者会考虑产品基础功能之外的附加价值，因为他们认为大多数品牌的产品质量差别不大，因此在选择产品时相应地提高了产品美学的比重。由此，成功的品牌虚拟数字人必定会成为一个品牌符号[2]，让受众在感官、情感上都能有独一无二的体验感。

---

[1] 相关内容可查阅王志超的文章《浅谈感官营销在品牌塑造中的应用》。

[2] 相关内容可查阅宋向东的文章《基于消费者视角下的感官营销理论综述》。

6.1.2　广告主视角下的虚拟数字人的功能

虚拟数字人逐渐频繁出现在传媒和营销领域，成为时下最受捧的偶像、主播……相关报告指出，预计到 2030 年，我国虚拟数字人整体市场规模将达到 2700 亿元。作为未来元宇宙交互生态的重要部分，虚拟数字人应用场景的大众化和多元化已经是大势所趋，越来越多的广告主选择与虚拟数字人合作，在营销层面，虚拟数字人的功能价值与落地场景值得探讨。

虚拟数字人按照功能可以分为娱乐性和功能性[1]，就市面上可见的营销案例而言，受广告主青睐的虚拟数字人大致也可分为两类："代言人"和"打工人"。

"代言人"（娱乐性虚拟数字人）即虚拟形象代言人，这是一种新的广告形式，不仅能体现出品牌年轻、好玩、具有科技性的精神理念，更能吸引年轻人的注意力。虚拟网红如同真人一般，可以在社交平台与网友互动，甚至还能"出席"线下活动、代言产品，为广告主带来源源不断的经济效益，同时做到多场景应用，赋能品牌强势破圈。

基于多种虚拟数字人在元宇宙经济体系中拥有着得天独厚的优势，技术人员可以根据现实场景进行相关的虚拟化元素和细节的定制，用最贴合货品场景的形式去满足广告主在不同场景与空间下的定制化需求。从商业层面上来看，虚拟数字人的"人设"更具稳定性和未来感，与传统的真人明星相比，不怕"颜值或人设崩塌"，这是粉丝们为之疯狂的理由，亦是"偶像失格"常态化下品牌治愈焦虑的新流量配方。

"打工人"（功能性虚拟数字人）作为近年来直播带货行业最具热度的话题之一，短期受限于技术和成本，商业变现空间有限，但在未来将作为元宇

---

[1] 参见欧阳书平、潘全心、王嘉、王晓茹、王子建、颜忠伟的文章《领略虚拟数字人应用创新魅力》。

宙的基础设施之一，从而被广泛应用。

以虚拟主播为例，通过全场景、全时段运营，虚拟主播可以有效提升直播数据。人格化的载体能更好地助力品牌理念和价值的传播。相比真人直播的在线时间有限，虚拟数字人可以 24 小时在线。它的话术是可以自动生成的，它可以基于知识图谱做智能互动，回复用户在直播间提出的问题。因此，虚拟主播的成本更低，更加稳定、可靠，可以摆脱对真人主播的依赖。

也有学者指出，与电商类虚拟直播带货不同，大部分社交类虚拟直播带货还处于初级阶段，主要是在虚拟直播讲课、虚拟直播导游、虚拟直播电竞等场景应用，相信今后还会有更大的提升空间[①]。

6.1.3　广告主认知视角下的虚拟数字人的情感

2016 年至 2020 年，虚拟数字人投入应用的产业规模增速约 40%。据此估算，2025 年中国虚拟数字人市场规模将超过 1000 亿元。庞大的市场将带来产业繁荣，因此吸引着资本、品牌商集体关注。可以预见，虚拟数字人产业在未来有望迎来市场爆发。虚拟数字人可作为品牌商开展数字营销布局的重要抓手，推动线上的品牌传播及促进业务转化[②]。

虚拟数字人本身也存在着代言属性。在传播的过程中，虚拟数字人带着品牌属性与消费者进行沟通、交流，确保公司的战略方向、经营理念、品牌价值等在企业内部及各利益相关方之间得到准确的传递。

陈格雷指出，企业在选择虚拟代言人时主要看重虚拟代言人的影响力和外观等。影响力主要指虚拟数字人的讨论度，外观方面要求符合现代审美。

① 参见覃凯的文章《人工智能背景下 AI 虚拟主播直播带货创新应用研究》。
② 参见祝娇的文章《顺势布局 借力深耕 拥抱数字营销新阵地》。

虚拟数字人是否符合品牌的文化要求是品牌方选择的关键。比如花西子的同名虚拟数字人 IP 花西子，将品牌的精神理念人格化，塑造理想化的形象，而蜜雪冰城的 IP 雪王则走亲民、平易近人的路线。

相较于真人，虚拟数字人拥有更多的文化创造的可能性。虚拟数字人能够突破现实对真人的种种限制，使得品牌方得以根据需求创造符合品牌个性设定的虚拟角色。例如，由魔珐科技与次世文化共同打造的翎_Ling，号称中国首位超写实国风虚拟 KOL。通过将数字科技与国粹艺术相结合，出品方赋予翎_Ling 传统文化（京剧、毛笔字和太极）的技能和符合东方美学的五官。2021 年 1 月，翎_Ling 登上中央广播电视总台文艺节目中心推出的台网互动国风少年创演节目《上线吧！华彩少年》，表演梅派京剧经典片段《天女散花》，如图 6-1 所示。

图 6-1　翎_Ling 演绎《天女散花》片段截图

根据爱奇艺发布的《2019 虚拟偶像观察报告》显示，全国有 3.9 亿人正在关注虚拟偶像，二次元圈层人数逐年增加。其中，虚拟偶像对"95 后"至"05 后"用户的渗透率高达 64%。虚拟数字人与 Z 世代年轻圈层的情感共鸣成为品牌方选择虚拟数字人代言的原因。

受众与虚拟角色之间、受众个体之间的交互激发了他们与虚拟世界的共情。受众与虚拟数字人的交互主要有视频交互和直播交互两种方式。以虚拟偶像 A-SOUL 为例，截至 2022 年 5 月 29 日，A-SOUL 的微博粉丝数达到 179 万，B 站的粉丝量达到 32.8 万。除了视频投稿，A-SOUL 还进行了常态化的直播活动，如每周六晚的 A-SOUL 小剧场直播。她们和真人主播一样，能与观众交流，除形象上的差异外，在角色"人设"、言语沟通、直播风格等方面与真人主播的定位无二[1]。

6.1.4 广告主认知视角下的虚拟数字人的社会环境

市场竞争日益激烈、繁杂，品牌广告主要想自己的产品在大量形形色色的内容和信息推送中脱颖而出，强化自己在年轻消费者心中的品牌认知，已经变得越来越困难，所以广告主逐渐倾向于选择超写实的虚拟数字人作为代言人。对于虚拟数字人作为品牌代言人是否会受到《中华人民共和国广告法》（以下简称《广告法》）的约束，相关研究表示目前还处于空白状态。本书的受访者——中国传媒大学广告学院的教授王洪亮表示，对于虚拟数字人的这种表演的形式，严格意义上讲广告主和虚拟数字人并不存在代言的关系，只有在广告主去选择购买虚拟数字人的版权的情况下才存在代言关系，但是广告主购买以后，这个虚拟数字人的形象是属于广告主的，二者之间不是法律认可的代言关系。可见，在现有的社会背景下，《广告法》对于广告主和虚拟数字人的关系并没有明确化和规范化。

虚拟数字人市场的火爆离不开元宇宙的发展。清华大学新闻与传播学院

---

[1] 参见沈嘉熠的文章《想象的无界：虚拟角色与受众沉浸》。

的沈阳教授指出，虚拟数字人是元宇宙中的一个关键要素，真人在元宇宙世界中的分身就是虚拟数字人，虚拟数字人也因此成为元宇宙蓝图的重要组成部分。

对于广告主来说，收益是衡量虚拟数字人代言结果的重要标准之一，不同于传统的明星代言人。首先，虚拟代言人在传递品牌信息、构建积极正面的品牌形象的过程中具有稳定性、安全性、专属性、可塑造性、经济性、长期性等特征。品牌自主开发或选择的虚拟代言人，除了在前期宣传、提高虚拟代言人公众知名度等方面需要投入一定的推广费用，企业无须支付巨额的代言费，使用成本较低，具有较好的经济性。其次，品牌方可根据产品和品牌战略目标量身定制专属的虚拟代言人，独特的设计让虚拟代言人更易在众多代言明星中脱颖而出，具有一定的专属性。再次，虚拟代言人的虚拟形象给人以更广阔的想象空间，消费者可以按照自己的想象和意图将虚拟的代言人在头脑里"完整化"，可塑造性极强。与明星代言人相比，虚拟代言人最为突出的特征是安全和稳定。虚拟代言人一般不会犯错误，更能维护品牌形象，同时可避免因明星代言人出现负面事件而对品牌造成负面冲击的情况。从生命周期和风险角度而言，虚拟代言人具有较好的长期性和稳定性，更有利于品牌良好形象的塑造与维护[1]。

社会上对于虚拟数字人的成本也有不同的意见。聚力维度的受访者表示，虚拟数字人的一场直播活动的营收在几十万元至几百万元不等，这是一个报价体系，而这个体系是在长期合作中形成的。在创造虚拟数字人方面，以三维建模为核心的场景技术、以智能语音理解为核心的交互技术、以情感计算为核心的感知技术、以动作捕捉为核心的行为技术，共同搭起了虚拟数字人

---

[1] 参见刘超、吴倩盈、熊开容、朱洪坤的文章《CGI仿真虚拟代言人应用与品牌传播效果：消费者感知视角的质性研究》。

的构建基础。使用这些技术制作一个虚拟数字人的成本很高，业界需要思考如何将虚拟数字人的制作成本大幅降低。

针对如何降低高昂的虚拟数字人的费用，咪咕文化科技有限公司提出了相关建议——由于许多公司都在各自为战，所以需要国家出面，推动相关平台的建立，推动内容共享，鼓励各家企业主动开放自家的内容以便降低技术成本。

从传播效果上来看，聚力维度的负责人表示，若品牌方的目的是靠虚拟代言人来快速地在一部分群体当中进行推广、占领市场，虚拟数字人代言的影响力肯定不如真人的大，这样也缺乏明星效应。但是，在进行品牌形象建立和品牌传播、使受众对品牌行为有具象的认知时，虚拟代言人的适配度更高。陈格雷对虚拟数字人和真人代言有明确的观点，品牌方更愿意和时尚类的虚拟数字人合作，而不是二次元虚拟数字人。超写实虚拟数字人能获得品牌方青睐的主要原因，是它们自身时尚、潮流、科技感的这些属性能对品牌起到拉升作用，从而促进广告主传递品牌价值。

6.2　虚拟数字人的生产方

6.2.1　生产方视角下虚拟数字人的感官体验

以前，虚拟数字人的形象以初音未来为代表，画风更加倾向于二次元。近年来，随着技术的发展，除传统的二次元虚拟数字人外，出现了更贴合真人的超写实虚拟数字人。超写实虚拟数字人往往被赋予了独特的人物个性和丰富的感情，在形象、言行举止方面无限接近于真人。

在为编写本书进行的访谈中，聚力维度的科技负责人提道："公众对于虚拟数字人的认知还没有达成一种共识，很难说什么样的虚拟数字人会更受欢迎，大家都在探索。"在时刻发生变化的时代，大众的审美倾向也在不断变化。该负责人表示："所以我们现在只能尽可能提升虚拟数字人的级别，就让它更写实、更好看，让它工作效率更高。还不能说在知道公众想要什么样的虚拟数字人之后，再根据要求去实现。"在之后的访谈中，该负责人也表示："虽然没有绝对的标准，但是长远来看还是要朝着超写实的方向来打造虚拟数字人。"

生产方在打造虚拟数字人时，也会根据品牌调性提前设定好虚拟数字人的性格、喜好、特点等，基于这些鲜明的标签来打造虚拟数字人的人格，再把虚拟数字人推送到细分领域、推给细分受众群体。聚力维度的科技负责人表示，现在企业在选择虚拟数字人时没有一个明确的标准，他们不会明确告诉你想要外形多么靓丽或多么时尚的虚拟数字人，会说要好看，要符合他们的品牌调性，需根据这个方向去建模。企业最看重的其实是虚拟数字人的"人设"是否符合企业的文化。

从 2021 年开始，各品牌方开始定制专属的虚拟 IP。例如花西子推出首个虚拟形象——花西子，采用超写实的风格，精致地打造"中国妆容"；伊利金典打造的虚拟数字人——"典典子"成为首批进军 B 站的品牌虚拟 IP；2022 年联合国中文日暨中央广播电视总台第二届海外影像节推出的数字虚拟形象——仓宝软萌可爱，如图 6-2 所示。这些原创虚拟 IP 本身具有很高的独立性，具有高质量的视觉设计和内容风格，甚至融入了科技的元素，让独一无二的虚拟数字人特征更加鲜活。

图 6-2　海外影像节数字虚拟形象——仓宝

6.2.2　生产方视角下虚拟数字人的功能和操作

二次元虚拟数字人与超写实虚拟数字人，实际上代表了虚拟偶像的两种发展路线。二次元虚拟偶像吸收了偶像、演艺与动画产业的要素，以直播、演出、IP 开发等变现模式为主。而超写实虚拟数字人，在内容产出方面呈现出技术与 IP 打造高度结合的特征。相比二次元虚拟偶像，超写实虚拟数字人的技术与内容同样重要，技术甚至在一定程度上决定了内容的风格。这也导致超写实虚拟数字人的发展在很大程度上是由技术公司主导的，随着对技术储备与创新方面要求的提升，参与门槛将越来越高。

虚拟数字人市场的 B 端场景不断拓宽，服务型虚拟数字人会成为发展的新趋势。未来人们能在多个行业领域看到虚拟数字人的身影。服务型虚拟数字人可带给人们新鲜感，也能克服一些传统服务方式在空间、时间方面的困难，实现多场景服务。

比起真人偶像，虚拟代言人与品牌的适配度更高、可塑性更强，而且更利于品牌方的数字化转型。聚力维度的科技负责人提到，虚拟代言人有更高的配合度，因为虚拟代言人是完全定制化的，适合长久地体现一个品牌的形象，虚拟数字人也是品牌数字化尝试的关键。

6.2.3　生产方视角下的虚拟数字人的情感认同

虚拟数字人作为一种全新的媒介角色被广泛运用于元宇宙这一新生态之中，是元宇宙中"人"与"人"、"人"与事物、事物与事物之间产生联系或形成孪生关系的新介质。虚拟数字人在元宇宙数字经济中处于主体地位，自然人通过虚拟数字人在元宇宙的经济行为中进行价值创造。基于美国认知心理学家唐纳德·A.诺曼（Donald Arthur Norman）提出的情感三层次理论分析框架，虚拟数字人的个性化属性设计能够在多个层面有效激发消费者的情感共鸣。其中，文化属性作为最核心的个性化特征，不仅承载着深厚的故事内涵与价值理念，而且连接着虚拟数字人与受众的关系。虚拟数字人的 IP 价值正是这种文化属性，在当代品牌传播中展现出较好的影响力和传播效应。聚力维度的受访者称，虚拟数字人肯定要有一个品牌故事、品牌个性在里面，否则就谈不上代言。所谓"代言"就是说虚拟数字人本来有自己的故事和个性，达成了一种明星效应，然后用它来传播这个品牌，捎带着把这个品牌给推出去。

不同于现实中的科技创新，虚拟数字人领域的创新更重视别具一格的想法，并且更具开放性。虚拟数字人重塑了传播价值，且为参与者提供了新鲜感，让参与者可以体验新形象。创意方与用户在完成产品所有权转移的同时，还能实现流量与传播力的交易，从而诞生新的细分市场并产生附加传播价值。未来，元宇宙将涌现出越来越多的数字资产与虚拟数字人，出于资产配置多元化的需求，将有更多的传统资本在虚拟数字人领域布局。

虚拟代言人作为"IP 价值""文化故事""情感满足"元素的表征，其文化意义亦备受关注。超写实虚拟代言人由于外表具有高度拟人的特点，比二次元角色更易被消费者信赖。

6.2.4 生产方视角下的虚拟数字人的社会环境

通过梳理相关文献与虚拟数字人生产方的访谈记录，可以发现生产方认知视角下的虚拟数字人的社会环境主要涉及成本与性价比、技术水平、舆论信息三个方面。

截至本书完稿时，国内市场上制作虚拟数字人的成本从十几万元到上百万元不等。聚力维度的受访者称："虚拟数字人的成本分为按项目走、按活动走这两种类型。行业内组织一场活动平均需要几十万元，不过 A-SOUL 的出场价很贵，一场活动需要几百万元的成本。"他还谈到："比如说你要开一场线上的演唱会，肯定要和网友互动，不能提前录视频。像有的活动放的是提前录好的视频，这种活动不需要虚拟数字人具有互动能力，是另外的体系。"

虚拟代言人的竞争对手主要是真人明星 / 网红代言人。就性价比而言，虚拟数字人更胜一筹。首先，真人代言人可能有"塌房"的风险，而只要运营得当，虚拟数字人可以永远保持完美"人设"。其次，虚拟数字人属于企业自己的数字资产，对其投入后，产出的回报永远不会流失，还会不断地增加企业的数字资产。此外，在代言费层面，虚拟数字人的价格也更低一些。

技术是制作虚拟数字人的关键。虚拟数字人要实现声情并茂，主要需要三个方面的技术：生成、驱动、交互。通俗说来就是：外观、语言、思想。在建模、材质、绑定、动态解算等环节使用不同水平的技术，会产生不同的整体质感。按照人工参与程度的高低可以将建模分为纯人工建模、借助采集设备进行建模、以人工智能方式进行建模。由于虚拟数字人的生产方主要面向 B 端用户，一般不需要承担后续的营销成本，因而开发虚拟数字人的技术成本占比较高。随着 5G、云计算等技术逐渐发展，且越来越多的企业入局虚拟数字人产业，与虚拟数字人相关的技术将产生一定的突破，可能两三年就产生一次迭代，而虚拟数字人的制作成本也将有所下降[1]。

聚力维度的受访者称，如果想让虚拟数字人的皮肤更真实，在前期建模的时候就要投入很大的精力，而且在后期渲染时也需要投入很多。看起来皮肤的质感只是差那么一点点，但是背后的技术差很多，成本方面的差距还是挺大的。前两年没有几家公司做虚拟数字人产品，但是现在市场上已经有几十甚至上百家做虚拟数字人的企业了。在过去的两年里，虚拟数字人的发展特别快，成本肯定是会降下来的。

2021 年通常被认为是元宇宙元年，在"元宇宙风暴"的带动下，虚拟数字人也成为众多企业争相抢占的风口。在巨头下场、Web 3.0 加速构建的过程中，虚拟数字人作为元宇宙的场景入口与连接纽带，有望成为元宇宙产业链版图中最先快速发展并实现规模创收的产业。但是，大部分品牌方选择使用虚拟代言人的目的还只是借元宇宙的舆论热点进行营销，长此以往可能会降低大众的期待，不利于虚拟数字人产业的长期发展[2]。

陈格雷接受本书作者的采访时称："从元宇宙的发展来看，其实每个品牌在未来都需要拥有自己的虚拟资产，应该自己开发虚拟数字人。"

聚力维度的受访者提醒我们要冷静看待虚拟数字人的快速发展，"目前存在一个舆论泡沫。虚拟数字人刚开始出现时大众对它有过高的期待，但后来慢慢就冷下来了"。大众对虚拟数字人的期待很高，但当前因为技术发展

---

[1] 参见安信证券的文章《虚拟数字人的长短期展望——IP 与赋能》。
[2] 参见郑见的文章《虚拟数字人产业进入加速期》。

速度的限制，不少方面还无法达令人满意。

6.3 对话虚拟数字人受众

6.3.1 受众视角下的虚拟数字人的功能操作

在受众的认知视角之下，在不同的落地场景之中，虚拟数字人与产品的联结都应得到鲜明且直观的呈现。如在一次关于"如何看待屈臣氏启用虚拟代言人 IMMA"的访谈中，受访者刘政阳明确表示："通过观看屈臣氏投放的广告能够直接感受到品牌方想要传递给受众的信息——借用虚拟代言人来塑造全新的，具有科技感、未来感与现代感的品牌形象。通过在虚拟数字人与品牌形象之间构建情感连接，能够最大化地增强虚拟数字人本身的'人设'，进而加强用户对品牌的认知。"

由于虚拟数字人在本质上属于附着在产品外部的附加元素，因而虚拟数字人具有的功能价值对塑造品牌的形象影响较小。刘政阳表示，自己的思维模式更偏向于将产品代言人与产品本身分开考虑，他更愿意把使用实际产品后的消费体验作为影响品牌认知的关键因素。

受众普遍认为商家使用虚拟数字人进行代言能够优化自己对于品牌的态度，同时，其与实体产品略显相悖的"虚拟"特性并不会给产品的真实度带来负面影响。刘政阳认为，虚拟数字人能够第一时间将品牌调性展现在受众面前，增加受众对品牌的好感度。营销创意人陈格雷也表示，作为文化精神价值的承载者，选用高仿真虚拟数字人来担任代言可以直接将其时尚、潮流的势能赋予品牌，起到提升品牌定位的作用，让用户短暂抛开产品本身，直触品牌精神，进而重塑个人对品牌的态度。

消费者的购买行为与虚拟数字人的功能操作的关联度较弱，与消费者自身对虚拟数字人的特殊情感以及对产品的实际体验的关联度更高。本书的受访者曾帆称，自己并不会因为接收到广告或体验到自由流畅的交互而直接产生购买行为，但会因此增加了解产品实际功能或体验感的欲望，间接提升购买产品的转化率。此外，曾帆还表示，与真人明星相比，虚拟代言人的说服能力相对较弱，这与其较为小众的受众群体有直接关系。最后，曾帆还给出建议，在有关未来虚拟数字人的功能操作设计上，可以强化其人物性格以增加真实感。在这一层面上，相较先前的平面虚拟数字人，超写实虚拟数字人的发展空间更为广阔。

然而，聚力维度的工作人员在访谈中透露，由于当下技术条件的限制，虚拟数字人的功能价值并未被完全开发，交互即时性以及人格和情感的打造都不完善，很难与消费者产生类似真人之间的情感共鸣，而打造完美偶像的关键就是虚拟数字人需要具备强大的情绪感染力及即时的互动能力。虚拟数字人的功能操作在一定程度上间接影响了消费者的购买行为。

6.3.2　受众视角下的虚拟数字人的情感认同

IP 影响力随着虚拟数字人的发展步入发展快车道，众多虚拟偶像、虚拟主播等虚拟数字人形象呈现在受众视野。但受制于虚拟数字人市场的格局，受众的消费心理及行为驱动更倾向于已经拥有一定认知度的虚拟数字人。本书的受访者曾帆透露，代言的本质其实是通过这个代言人或形象的影响力来带动产品的影响力和销售量，所以在根源上，受众还是首先得熟悉、了解这个人物形象。虚拟数字人的良好形象虽然能短暂吸引受众的注意力，但当虚拟数字人的 IP 竞争力和影响力较低时，将难以推动粉丝之外的受众对它倾注更多的关注。

个性化已然成为虚拟数字人IP的核心影响力。受众更加注重IP个性化定位及内在与外观两方面的形象塑造[1]，借此，虚拟数字人也不再是单薄的、量产的"工具人"，立体的形象塑造也能提升受众认知度和市场影响力。

数字化技术的迅速发展推动了虚拟数字人外观的多元建构，但受众更青睐具备文化内核为自身独特性赋能的虚拟数字人，并乐于由此贴近核心文化圈层，参与构建兴趣导向社群。二次元爱好者刘政阳在谈及对虚拟偶像洛天依的看法时表示，作为爱好古风的人，洛天依的形象加上她的歌曲作品，以及她背后的社群运营，对他来说都具备一定吸引力。从这一角度来看，借助虚拟数字人这一新媒介可以实现受众对文化内核的共振，并能够获得社群圈层文化的内涵等多方位的信息，让消费群体可参与的内容得到延伸。

在被问及二次元虚拟形象是否会成为一个"旧"的东西时，刘政阳表示，并不是说洛天依二次元形象存在于世界上的时间长了就旧了，她的二次元形象还在不断通过同人创作、社群运营及参与新的活动等新的形式展现，这些动作赋予这个角色新的内涵。受众被虚拟数字人基于文化内核生产的内容所吸引，同时主动参与到虚拟数字人背后文化圈层的再创作、再传播当中，为虚拟数字人的文化内核注入新的内涵，也进一步增加了受众的圈层归属感和忠诚度。

受众会更加注重虚拟数字人能否带给他真实的情感体验和特定的情感感受。由于虚拟数字人外在拟人程度的提高，受众对于虚拟数字人作为"人"的属性会产生更高的心理预期，并将这种心理预期投射在与虚拟数字人的交互过程中。

本书的受访者李茹玉表示："如果虚拟数字人只是单纯、随便地跟我互动

---

[1] 参见林进桃、谭幸欢的文章《虚拟偶像：数字时代网络IP的升级与重构》。

一下，我觉得我不会喜欢，因为没有真实感。我还是比较喜欢有真实感的东西。"可见，受众在面对虚拟数字人时，相比重复、单调的条件设定，更期待在高度拟人化的虚拟数字人背后存在有温度的形象内核。这种被赋予"真实感"的虚拟数字人一方面能带给受众沉浸式的交互体验，另一方面，受众对其的情感也被从纯粹的对物的情感中抽离出来，愿意与之建立近似人与人之间的情感联结。这种受众视角下的特定情感感受，能够引发受众对虚拟数字人的情感认同，并化为与其交互的内在驱动力，为虚拟数字人带来较长的生命周期。

6.3.3 受众认知视角下的虚拟数字人的社会环境

作为元宇宙数字经济的行为主体，虚拟数字人的定义与分类也因领域的不同而不同。对虚拟数字人所处的社会环境进行探讨时，也应当了解受众视角下对虚拟数字人的认知。通过总结、归纳虚拟数字人与消费群体对话的相关内容，笔者发现在消费群体所处的社会环境背景及认知条件下的虚拟数字人的特征主要有——具有"人"的形象、具备"人"的性格及行为特征、具备类"人"的互动能力。不仅如此，被受众注意到的虚拟数字人大多属于虚拟数字人中的虚拟偶像，这一类别的虚拟数字人多以歌手、演员、模特、网络红人等身份出现在大众视野中，拥有鲜明的人物设定，如性格、才艺等，活跃于各大网络社交平台与线上综艺节目中，以便积累自身流量与人气去获得更多"工作"[1]。

虚拟偶像与品牌方合作中的主要成本是前期成本。在签约成本方面，虚拟偶像与真人代言人是完全不同的。受访者李茹玉认为，在同一产品上，排

---

[1] 参见《中国虚拟数字人影响力指数报告》（中国传媒大学媒体融合与传播国家重点实验室）。

除个人喜好倾向，不论是虚拟偶像还是真人代言人，首先要吸引消费群体的注意。由此可见，虚拟偶像的新颖性与科技感都更有利于其受到关注。而在对孵化成本进行考量时，不能忽视消费群体对虚拟偶像人物设定的重视，这对设计孵化所需流程及计算成本至关重要。受访者刘政阳提出："虚拟数字人自身的作品会吸引我关注到这个虚拟数字人，因此虚拟数字人的风格也应当符合受众的喜好。"

在实际运营过程中，受访者刘政阳与曾帆都认为虚拟数字人被塑造的自身形象能否吸引到消费群体是用户产生购买行为的首要条件。因此，虚拟数字人在各场景的运用中，静态拟真与更加自然化的动态效果都需要持续进行规模化的技术升级。

在营销效果上，虚拟数字人在营销中不仅要抓住用户的眼球，更重要的是能让受众喜爱这一人物形象。对此，李茹玉也给出了相关看法：某一虚拟数字人多次出现在多款产品、多种场景中，会让用户产生熟悉感，将使这一虚拟数字人主动吸引到受众的关注。这也正印证了曝光效应。

在传播视角下，品牌方选择与虚拟偶像合作，进行产品的推广，其实在一定程度上也是在进一步为自己的品牌赋予年轻化的调性。如刘政阳在谈及屈臣氏与超写实虚拟数字人 IMMA 的合作时认为，这样的合作可以使消费群体感知到屈臣氏这个品牌在随着潮流不断创新。

更吸睛的外在形象设计、更逼近真人的人物设定、具备更强体验感的交互模式，都是决定一个虚拟偶像影响力大小的因素。李茹玉谈到虚拟数字人与消费群体的联系时也印证了这些因素。针对不同运营背景的虚拟偶像，粉丝增长的影响因素也不尽相同。对于老牌虚拟偶像，如洛天依，长时间的粉丝积累、现有的多次破圈曝光及良好的"人设"背景，使它的受众对其的熟悉程度较高，受众更容易在该形象多次进入视野后产生喜爱感觉，而新兴的超写实虚拟数字人则需要以更新颖的方式实现粉丝增长。

在更高精的技术支持下打造出的超写实虚拟数字人，也提高了消费群体对虚拟数字人代言体验类产品的接受程度[1]。

---

[1] 参见田玉海的文章《虚拟偶像：人工智能"技术神话"与"身体迷思"》。

—— 第 7 章 ——
数字人类的未来

唐·伊德（Don Ihde）指出，经过电子媒介物所实现的"人 - 人""人 - 机"互动，已经成为形塑晚期现代性的特殊力量，而虚拟数字人可以说是这种电子媒介物的集大成者，或说是最终形态。它在动作捕捉、图像渲染、图像识别、语音合成、语音识别等多种技术的联合配合下，为人类肉身构建了数字载体。如果说元宇宙是对人居环境的再发明①，那么，虚拟数字人就是对人类身体的再发明。

许多人也许会对这种"再发明"感到恐惧，因为他们认为身体是人神圣的自然属性，如果每个人身上都挂满各种智能手表、MR 眼镜，甚至植入各种芯片，将会是一幅令人不安的画面。但事实上，这种对身体的"改装"并不是现代科技发展后才有的产物。马塞尔·莫斯（Marcel Mauss）在论及原始技术时曾指出："早在人类学会利用器物工具之前，身体是人首要的、最自然的工具。或者，更确切地说，不用说工具，人首要的、最自然的技术对象就是他的身体。"② 也就是说，技术并非必然是身体之外的、利用其他物质性工具实现的。在这个意义上说，后来出现的盔甲、眼镜、自行车等工具，只不过

---

① 参见王儒西、邹开元的文章《元宇宙：人类感官和人居环境的再发明》。
② 《机器的神话：技术与人类进化》，芒福德著，宋俊岭译，中国建筑工业出版社。

是人类对身体进行持续不断地改造的延续。而所谓未经开发改造的原始身体，也许只存在于幻想里。人主观的身体体验，正是在将身体客体化的观察与利用中实现的。

在身体的潜能开发完后，技术的对象转移到身体外的工具上。这些围绕身体的技术既改造着身体，也因身体的原本倾向不断演变，与身体形成共生关系，在漫长的历史进程中进行着协同演化。但是，正如保罗·莱文森所指出的，媒介技术的发展具有人性化的趋势，"媒介在起源和形体上都将人的属性集于一身，是人的自我的表现"[①]。在这一深层趋势的驱使下，媒介的演化最终走到了虚拟数字人这一人性化的最终形态。顾名思义，虚拟数字人的本质是一串计算机运算得出的数字。但随着一次次技术更迭，运算愈发复杂，这一串数字也愈发具有"人"味。人在计算机中的形象呈现与自我表达经历了一个从字符到图片、从 2D 到 3D、从静态到动态、从单向呈现到双向交互的发展过程。当每一次新技术浪潮来袭时，人在计算机中的形象就更为清晰可辨，人在计算机中的表达就更为活灵活现，人机融合程度就更深。一方面，现实的身体越来越"赛博格"化、数字化；另一方面，虚拟的身体也越来越能与现实相互映射、联动。在这样的技术前景下，我们将面临怎样的社会与文化变革，迎来怎样的风险？本章将深入探讨这些问题。

7.1 身体的返场

元宇宙的核心理念之一，是从"摒除身体的逻辑式交互"转向"容纳身体的具身交互"。具身交互（Embodied Interaction）概念由保罗·杜里什（Paul

---

① 《思想无羁——技术时代的认识论》，保罗·莱文森著，何道宽译，南京大学出版。

Dourish）提出，指可以利用身体与虚拟世界在视听、嗅味、触觉等多通道进行交互的技术。回看计算机的发展历史，人与计算机的交互方式，从早期的穿孔卡片，到继承于打字机的键盘，都是去除人类身体的丰富形态而只以逻辑信息进行交互的。苹果公司在 1983 年推出的 Lisa 计算机率先普及了以桌面为隐喻的 WIMP 图形化界面①及鼠标后，交互方式引入了更多的身体特质，鼠标成为使用台式电脑、笔记本电脑的必备的外设，如图 7-1 所示。

图 7-1　鼠标成为台式电脑、笔记本电脑的标配

　　鼠标仅仅增加了一只手的点按与运动信息，却带来了一次人机交互的革命，使得计算机的应用范围扩大、使用效率大大提高。2007 年苹果公司发布的 iPhone，普及了多点触控技术，使得计算机对人类身体信息的感知再次被强化，计算机的应用范围与使用效率再次迎来飞跃，手机、iPad 开始部分取代个人计算机。可见，一次次的交互革命，都是由手这个人类最灵巧的器官撬动的。

　　元宇宙的交互界面可称为"自然用户界面"（Natural User Interface，NUI），

①WIMP 即"视窗"（Window）、"图标"（Icon）、"菜单"（Menu）以及"指针"（Pointer）的缩写。

这一交互界面依然以手为突破口。人类拥有动物界最灵巧的手部。其他动物的掌和爪并不能实现各个指头的独立动作，也大都无法抓握。即便相比人类的"近亲"黑猩猩，人类的手指也更加细长、灵活，更能做出稳定、有力的抓握动作。发达的手既使人类可以利用各种工具，也使人类具有更多样的表意能力，从而丰富人与人的沟通内容。在元宇宙中，手仍然起到最重要的交互作用。

截至 2023 年，VR 设备中的手部识别设备分为三种，第一种是较为传统的追踪手柄，第二种是 VR 手套，第三种则是不需佩戴任何设备的裸手光学识别。第一种的优点是准确度高、符合传统交互逻辑，缺点是依然需要通过传统的按钮来实现点按。第二种的优点是精度极高且有触感，但昂贵的成本使其应用受到局限。第三种则可以直接通过空中点击、抓握、捏、张开手掌等手势与机器进行交互，虽然有准确度欠佳的问题，但更符合技术的人性化发展趋势。

随着人机交互越来越对身体开放，人机交互的"界面"正在以手为突破口，通过光学识别、可穿戴设备，甚至侵入式设备，向人的整个肉身扩散。头戴式 VR 已经可以做到头部追踪与空间定位，变换视野或移动位置再也不用依靠鼠标拖动或按下键盘的方向键，只需身体做出与现实世界中无异的动作即可。此外，许多公司已经在探索基于万向跑步机来实现超越室内空间的空间定位、基于穿戴式设备识别下蹲和跳跃等动作的更为具身化的交互方式。换句话说，人机交互正在走向"去交互化"，即用户感觉不到自己在与机器交互、感觉不到与机器的边界，而是在身体的活动中将意识与机器融为一体，从具身性交互走向具身性认知。

所谓具身性认知，是对传统的身心分离的"离身性（Disembodied）认知"

的反思。它强调认知并非单独由大脑完成，而是在身体活动过程中由身体和大脑共同完成。20世纪初的现象学家们已经开始关注身体在认知中的作用，将身体知觉和身体行动引入对心智的讨论。近年来，认知科学家验证了哲学家的思辨，发现人的认知过程在很大程度上受到环境对感官和运动系统的影响。唐·伊德称之为"整体身体知觉"（Whole-body Perception），而且他认为这是唯一的知觉方式，"没有具身性就没有知觉"。

人类的技术也可分为具身性与离身性两类。具身性技术可以融入人的主观知觉图式，修正或增强身体的知觉能力、行动能力，而离身性技术则以客体化的方式观察、规划身体。一些学者认为，技术介导的身体经验不可能带来真实的身体代入感。例如，休伯特·德雷福斯（Hubert Dreyfus）认为：在线教育由于缺少教室的氛围与共同的风险，屏幕里老师就像电影演员，学生就像在看电影，这样上课的学生的代入感必然比在真实课堂中更差。[①]唐·伊德也持类似观点，他认为，在传统的计算机游戏中，玩家坐在屏幕前与屏幕中的虚拟影像进行互动，即使计算机屏幕中显示的是第一人称视角，虚拟身体对玩家来说依然是一个"准他者"，因为"虚拟身体的单薄使它绝无可能达到肉身的厚度"。当然，这些观点是基于20年前的人机交互方式的，在今天的技术背景下，这些观点也许需要被重新思考。

从具身性交互到具身性认知，计算机与互联网领域将经历一次"身体的返场"。自互联网诞生以来，为了依靠有限的带宽与服务器资源连接更多的人，互联网将人的身体"逐出"了线上互动，只保留最关键的文字、图像、声音信息。而今天的技术能力对于应对这一套古老的互联网理念已经游刃有余，甚至开始局部过剩，随着越来越多的人进入互联网，如图7-2所示，用户对这个理

---

① 《论因特网》，德雷福斯著，喻向午、陈硕译，河南大学出版社。

念的升级提出了新要求，

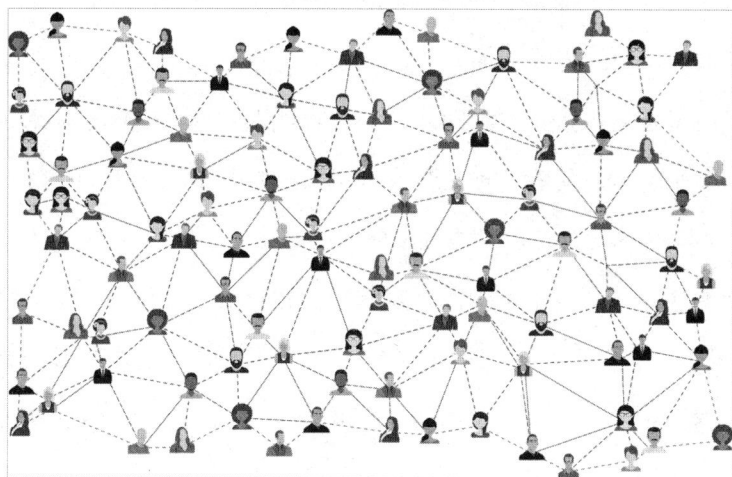

图 7-2 越来越多的人进入与联网

因此，一个可以重新容纳身体的"具身互联网"（扎克伯格对元宇宙的定义）成为众多巨头公司寻找的下一片新大陆。"虚拟具身性的终极目标是完全的、多重感知的身体行动的完美模拟。"这在技术上不仅需要传感器来捕捉身体的动作信息，还需要计算机能够智能地识别这些信息，通过感知人类的视觉、言语、动作达成人机间的理解，使得人机交互更为自然、直觉。正如凯文·凯利（Kevin Kelly）在《必然》中总结的 12 个未来科技的关键词中的互动（Interacting）和知化（Cognifying），未来的虚拟数字人必将建立在自然交互和智能理解的技术基石上。

唐·伊德曾经提出身体的三个维度：身体一即"能动的、有知觉和情感性的"身体，身体二即被社会和文化所建构的"被动的身体"，身体三即具身性技术加持下的"技术的身体"。截至本书完稿时，智能手机、智能手表、智能跑鞋、VR 眼镜等各种可穿戴智能设备不断向人的古老身体蔓延，脑机接口和嵌入式技术甚至已经跨越身体的生物边界，身体三的维度越来越凸显，使得身体趋向于与技术组成一个相互作用的"生命 - 非生命"杂合体。其中，身体构成了技术的一部分，技术也构成了身体的一部分，人成为了一种技术存在物。而且，不同于以往的石斧、汽车等技术着重于改变身体的能力，最新的技术越来越着重于带来新的体验与观念，人对世界的体验越来越需要通过技术中介来实现。随着各种交互设备不断附着甚至嵌入人的身体，计算机逐渐成为人类认知的延伸，身体逐渐成为媒介化的"知觉身体"，人通过计算机所实现的认知形式也由逻辑性认知转向前逻辑的、身体性的认知，形成伊德所说的"（人 - 技术）→世界"的意向结构①。在这一公式中，箭头代表现象学的认知意向性，人与技术之间的"-"代表"共生关系"。也就是说，技术一方面是人认知世界的中介，另一方面又具身于人，在几乎无意识中介导着人与世界的关系。在这样的技术未来中，以往的"技术绝无可能"式的观点也许需要重写。技术当然无法百分之百地还原现实身体经验，但即使会损失一部分身体经验，虚拟连接的广度与自由度也是现实连接无法比拟的，它为人与人的交往方式、人类社会的运行方式、人类文化的创造方式都创造了前所未有的可能性。

7.2 "面子工程"：虚拟数字人的大工程

人的五官能呈现丰富的信息，可以表达喜怒哀乐。心理学家保罗·埃克曼（Paul Ekman）在研究各民族的文化中发现身体外表，尤其是面部外表往往与人的内在品质紧密相连。中国的京剧、日本的能剧中都有丰富的脸谱，对应着不同的角色性格，英文的"人"（Person）也来自拉丁语的"面具"

---

① 《技术哲学经典读本》，吴国盛，上海交通大学出版社。

（Persona）一词。可见，"以脸代人"是古今中外常见的思维模式。此外，面相学（Physiognomy）在东西方均有悠久的传统，相关内容在中国西汉的《礼记》与古希腊亚里士多德的文献中均有论述。中国的面相学重视通过五官形态判断一个人的祸福贵贱，如曾国藩的《冰鉴》就对此有系统的论述。而西方则从近代起走向了将面相学科学化的道路，尤以拉瓦特（Johann Caspar Lavater）为最，其著述创立了系统的面相学，在英国和德国地区广为流传，甚至连早期的犯罪学研究也深受面相学的影响。即使在科学昌明、面相学被一些人斥为"玄学"的今天，这一思维方式依然存在于许多文化的深层潜意识中。因此，脸是一个人在社会生活中进行自我呈现的关键。从化妆、整容到美颜相机、AI 换脸，新技术总是在"面子工程"上下足了功夫。

2017 年，苹果公司在 iPhone 发布十周年之际发布了 iPhone X，在这款手机颇受争议的"刘海"背后，是手机前置的 3D 结构光传感器。它使得红外摄像头和可见光摄像头可以合作实现三维图像的捕捉。与其搭配的 Animoji 是一个动态、3D 版的 Emoji。当你看着 iPhone 时，手机也在不停地扫描你的脸部轮廓，并将你的一颦一笑、"摇头晃脑"都实时反映在 Animoji 里。这一功能的推出与普及，既为未来虚拟数字人的脸部工程探索了技术路线，也培养了第一批用户的使用习惯。全世界的 iPhone 用户纷纷选择自己的虚拟造型发送信息、打视频通话、录制视频。

那么，Emoji 又是什么？Emoji（日语"绘文字"的罗马音）是最早流行于日本、后被收录于现代计算机通用的 Unicode 字符集中的表情符号。Emoji 在全球的普及说明了人们对在网络沟通中传达情绪有强烈的需求。热衷网络聊天的人几乎都会有自己常用的表情包，一些经典、夸张的表情包风靡一时，如图 7-3 所示。

图 7-3　聊天表情包

在面对面的人际沟通中，除了语言信息，还有大量非语言信息通过表情、手势、触摸、姿势、语气、语调来传递。人类学家艾伯特·梅赫拉宾（Albert Mehrabian）对非语言行为的研究显示，人们在面对面交往中给予信息的相对比例分别是：语言 7%，语调 38%，面部表情 55%。也就是说，90% 以上的信息是通过语言以外的方式表达的。非语言信息如同一个庞大的、未被言明的编码系统，在无声中为人际互动提供了丰富的语境。而任何人文意义的理解都需要在特定语境中完成，因此，非语言信息"既能帮助说话者表达他的想法，也能帮助听者 / 观者理解他正在说什么"。而在网络沟通中，信息由主要字符组成，双方常常会因语境错位而影响对信息的理解，因此，需要一套新的网络语汇来传达语用信息（Pragmatic Information），其中的代表即表情符号（尤其是 Emoji）。Emoji 中包含大量表情、手势等线下沟通中才可传达的信息，对于线上沟通的改善具有重要意义。

然而，Emoji 注定是一个过渡阶段的产物，一个在古老的 Unicode 编码体系下尽可能将面部信息带入互联网的权宜之计——既然丰富的肢体语言无法在有限的带宽下传递，那就将其封装为一个个现成的脸谱，作为字符来发送。

作为这样一个过渡产物，Emoji 对线上沟通的补充作用依然是有限的。它不仅无法完全消除文字带来的误会，甚至可能产生新的沟通失效。例如，微信自带表情中的第一个"笑脸"，在中老年群体中是表达善意的微笑，而在年轻人群体中则是带有嘲讽意味的假笑。沟通双方如果在这一层语境上错位，就很容易产生误解。而随着带宽的升级以及 3D 建模、动作捕捉、实时渲染等技术的发展，Emoji 终将退出历史舞台，让位于真正可以捕捉和传达人类丰富身体形态的虚拟数字人。苹果公司推广的、基于手机结构光传感器来识别面部表情的 Animoji，则是在 Emoji 与未来虚拟数字人之间的又一个过渡性方案——在表情符号已经确立的文化基础上，先让表情动起来，然后一步步扩展到全身。可以说，Emoji（广义上也包括更早的颜文字）是在虚拟社交中进行人格化呈现的第一步，而这一人格化的终点，就是虚拟数字人。

人格化的形象呈现为虚拟世界中的自我呈现带来了极大的自由。早期线上社区对用户的视觉形象的呈现方式往往仅限于一张图片甚至一串字符，后来在"QQ 秀"模式下，静态图片变成了动态图片，且可使用虚拟货币购买不同的服饰。随着技术的发展，虚拟数字人将 2D 图片发展为 3D 的、具身操纵的、可交互的视觉形象，且允许用户随意"捏脸""捏人""换装"。当然，这些个体层面的自由是在大型企业所建立的平台框架下实现的。

如今，虚拟服装市场已经初见规模。Meta 早在 2022 年 6 月就宣布将推出 Meta Avatars Store 来系统性地支持虚拟数字人的服饰购买与应用，巴黎世家、普拉达、Thom Browne 等大型时尚品牌都已加入这一商城，这种基于平台的化身形象管理与虚拟社交将深远地改变人与人的交往方式。在普通人获得了自我形象设计的巨大自由后，可能会扰乱已有的社会文化秩序，一个最直接的影响是"虚拟形象斩断了形象与身份认同的传统关联"。

外貌形象往往是个体或群体形成身份认同的基础。例如，在中国人的身份认同中，"黑眼睛、黑头发、黄皮肤"一直是其核心部分。这一基于生理遗传而与人牢固绑定的形象，使人生来就从属于某一族裔群体，因而形成了较为稳定的身份认同。同理，虚拟数字人形象的任意塑造则可能带来身份认同的流动与不稳定。对于某些人而言，从固有的生理性身份标签中解脱出来意味着自由与解放。但当越来越多的人与原有群体的身份脱节时，新的共同体将在何处找到形成认同的基础？这是一个值得跟踪、观察的议题。

7.3 多一些语境，多一些理解

今天互联网的一大难题是网络上语言暴力的广泛存在。出现网络暴力的原因，除了互联网的匿名性及人性中的非理性、攻击性等因素，我们也应注意到互联网本身的媒介属性对人们行为的改变。有研究显示，线上互动比线下互动会产生更多负面情绪，也更不容易达成共识，使得任何人都可能成为"喷子"。而这一现象的关键在于互联网沟通中语境的缺失。无论是文字这种"冷媒介"，还是音频、视频这类"热媒介"，都在不同程度上截取了现实经验的局部，将特定信息从其所属的语境中剥离出来以便传播。这使得互动双方容易因缺乏共享语境而导致沟通失败。

目前线上互动的方式可以分为字符、音频、视频三类，它们大致可以对应到陌生人、相识的人（acquaintance）以及熟人三级社交距离，而且是向下兼容的——也就是说，对于熟人我们既可能进行视频通话，也可能通过发语音或文字信息联系，但对陌生人，我们在大多数时候只会用文字联系以保持社交距离。这种媒介使用上的区分已经成为某种约定俗成的互联网规范。究其原因，是因为文字、语音、影像这三种媒介中包含的语境信息量递增：从简短的一条文字评论中，我们很难窥见背后的评论者是怎样的一个人；如果对方发的是语音，即使是同样的内容，我们也可以从其语气中了解对方的态度与性格；而视频通话则通过表情、手势传达出更多的信息，更接近面对面沟通。从某种程度上说，文字是一种"去人性化"的媒介，它在提高传播效率的同时也删除了现实沟通中复杂的语境信息，剔除了人自身的诸多特质，把人简化成观点、立场。在以虚拟数字人为化身的网络互动中，语气、手势、表情、体态等信息都可以实时被传达给对方。在今天的一些 VR 聊天软件中，用户们已经笨拙地实现了互相握手、抚摸、拥抱。越来越生动鲜活的虚拟数字人，将使线上互动逐渐去除文字媒介的去人性化倾向，以丰富的媒介技术实现"语境化共在"（Contextualized Copresence），转向"身体间性"（Intercorporeity）的虚拟世界。有心理学研究指出，具身性互动在社会理解中起到重要的作用，它可以改善人们的行为匹配、原始移情、交互同步和相互理解感。具身性互动所创造出的，不再是被提纯、删减后的观点表征，而是在自我和他者之间直接共享的主体间性的意义。

除了身体，场景对于传播语境也具有重要意义。任何社会互动都发生在特定的场景空间中，可以是会议室、沙滩、酒吧等任何地方。人类对场景有天生的认知、辨识能力，并通过场景来组织自己的行为。[1] 不同的场景往往与特定的行为有很强的绑定，例如在酒吧可以大声聊天，在咖啡馆则需要小声交谈或安静地看书。如果在酒吧看书、在咖啡馆大声聊天，则违反了约定俗成的社会规范。而场景化的媒介可以传递信息的整个语境，赋予线上互动丰富的情境信息，从而使网络互动更容易形成共情与共识。合适的虚拟场景对于线上互动有强烈的暗示与规约作用，如 VRchat 中有一个场景：有一座宽敞

---

[1] 《消失的地域：电子媒介对社会行为的影响》，梅罗维茨，清华大学出版社。

的两层楼的别墅，屋内摆放着沙发、娱乐设施，墙面与楼梯均为宜人的原木材质，一面墙是巨大的落地玻璃，可以望见窗外的星空与大海……而另一个场景则是银灰色调的、没有窗的会议室，室内陈设朴素，长条形桌子的一端是讲台与白板。这些场景不仅对场景中人的行为有着未明言的导向性，而且还在无形中促进着基于共同的场景空间形成群体认同与群体共识。毕竟，基于身体的空间存在而形成的领地意识、群体认同以及"自己人"和"外人"的区分，是人类自部落时期就熟稔的思维模式。而当虚拟数字人技术把血肉之躯变成了虚拟化身，这种部落思维就再度回归到了元宇宙原住民身上。

把场景带回互联网是元宇宙的核心理念之一。早在 1985 年，梅罗维茨就在《消失的地域：电子媒介对社会行为的影响》一书中指出，由于电子媒介的应用"损坏了物质地点和社会场景的传统联系，无论在任何地方发生的任何事情，都可以发生在我们所处的任何地方"，结果就是"我们的文化开始变得基本上没有地点了"。与其他媒介学者悲叹"地方的消失"不同，梅罗维茨还看到了电子媒介营造新型场景的可能性。虽然梅罗维茨的分析是基于当时的电话、电视媒介的，但他所观察到的人们在电子媒介的使用中自觉或不自觉地构建互动场景的倾向，同样适用于探究今天互联网变革的隐蔽内核。早在视频尚未普及的文字互联网时代，中国互联网就发展出一种"语 C"（语言 Cosplay）亚文化，其成员在 QQ 等网络社群中基于文字进行角色扮演，以文字描述来表达设定的背景与人物动作、语言、心理活动，在成员互动中生成文本。语 C 文化可谓对媒介的场景化使用的极致体现，它表明即使在文字这种最简化的媒介环境中，人们依然想方设法地构建出互动场景的种种细节。正是这种对场景及其所带来的沉浸式虚拟社交的渴望，驱动着元宇宙一步步从幻想走向现实。截至本书完稿时，虽然互联网的许多问题已经积重难返，但当我们在新互联网的门口张望时，应该期许这一具具虚拟的肉身会使互联网焕发新的生机，带来人与人更深的连接。

7.4 一盆来自人工智能的冷水

制作虚拟数字人的难题主要包括算力耗费量大、智能交互水平差、完全智能化匹配困难和成本高昂等。另外，如何构建包含海量数据和知识图谱的灵活知识系统、如何将虚拟数字人与机器人更好地结合，都是需要不断探索且充满挑战的领域。多模态人机交互技术能满足人对于外界信息的获取逐渐升维的要求，但虚拟数字人开发者依旧在其技术框架下各自为战，还未见通用、客观的行业标准对虚拟数字人的拟真程度进行统一、成体系地评估。从形象生成方面来说，用户会越来越希望虚拟数字人在形象上显得更加逼真。从形象驱动方面来说，虚拟数字人的行动需要呈现得更加流畅和自然，而不是像机器人那样僵硬，这需要更强大的机器学习和深度学习技术。从语音交互方面来说，虚拟数字人系统要在理解对话内容的基础上，通过对话管理生成对应回复，并结合语音合成技术（TTS）生成播报音频。虚拟数字人多模态交互则需要在此基础上，进一步理解播报文本所蕴含的表达信息，通过文本和语音分析，生成对应表情、嘴形和动作。

今天，由传感器捕捉真人动作并以虚拟数字人进行实时的形象呈现已经是一项成熟的技术，在未来几年会逐渐平民化。然而，要让虚拟数字人像真人一样感知信息并与之互动，则要困难得多——前者是被动呈现，后者是主动进行智能判断。以非语言信息为例，非语言信息中既有跨文化的普遍符码（如点头表示肯定、竖大拇指表示赞扬），也有某个文化独有的地方性符码。有学者指出，相较其他国家，深受现代理性文化影响的美国是一种"低语境沟通"（low-context communication）的社会[1]，也就是说，多数的沟通信息是通过语言明确传递的；日本则是一个高语境沟通的社会，大量人际交往信息依靠肢体语言传达，如鞠躬这一动作在日本社会就蕴含着其他社会所没有的丰富意义，不同角度的鞠躬传递的含义也不一样。真人要准确理解这些信息尚且困难，更不用说计算机了。

截至本书完稿时，人工智能已经在诸多领域可以取代甚至超过人类，这给公众造成了技术乐观甚至技术恐惧，因而开始讨论具备真实人格与思维的虚拟数字人。但技术现实却是 Siri 连定闹钟都时常出错，种种所谓的"智能客服"的机械回答令人气恼，出现了典型的"莫拉维克悖论"（Moravec's paradox）：要让计算机如成人般下棋是相对容易的，但是要让计算机有如一岁小孩般的感知和行动能力却是相当困难甚至是不可能的[2]。要理解这种巨大的认知差异，需要区分"强人工智能"与"弱人工智能"这两个概念。这一划分由哲学家约翰·塞尔（John Searle）提出，其区别在于前者具有普遍的学习能力与自主意识，后者仅能执行特定的任务并"看起来"有意识。这两类人工智能的技术难度不可同日而语。事实上，塞尔提出这两个概念就是为了说明，强人工智能不可能实现。他以著名的"中文屋"思想实验论证，人类的技术探索无非是在完善中文屋里那个翻译程序，而不是去教机器真的变智能。换句话说，强人工智能并不能靠弱人工智能技术的积累而实现，它们是两条完全不同的技术路径。结果就是，人工智能可以在棋场上傲视人类、预测蛋白质的结构、以超人的精准度分析医学影像，却无法与人自然地聊天。

---

[1] 参见朱珺、王丽耘的文章《沉默是金抑或是傻瓜的美德？——高语境和低语境文化对沉默的不同诠释》。

[2] 参见吕乃基的文章《人类认知——行为系统的演化与莫拉维克悖论》。

在强人工智能前路漫漫的情况下，搭载弱人工智能、为特定用途定制的虚拟数字人有着更明朗的技术和市场前景。前文提到的虚拟数字人的三类角色（功能类、情感类和社会类），所需的人工智能的技术难度上也是依次递增的。功能类虚拟数字人是最易程序化的，仅需进行较简短的人机对话即可。情感类虚拟数字人涉及更复杂的人机互动，但相较社会需求来说，人的情感需求依然可以在一定程度上被程序化地满足，如随时陪伴、耐心聆听、及时回应、表达共鸣、以预定的方式进行开导等。社会类虚拟数字人则由于涉及的语境复杂、涉及的功能多样，要求具备最复杂的智能理解。截至本书完稿时，功能类虚拟数字人已经在许多领域应用，可以预见其他技术难度较低的虚拟数字人产品也将陆续进入市场。

7.5 "灵肉冲突"与赛博时代的劳资关系

虽然具备类人智能的虚拟数字人面世遥遥无期，但仅仅是一副好看或有趣的皮囊，也可以极大地刺激公众的神经，催生可观的市场规模，并带来新的美学理念。虽然让人穿上动作捕捉设备操控虚拟数字人说白了就是"套了一层数字皮"，并不那么有未来感，但在当下的技术阶段，利用了建模、渲染、动作捕捉等成熟技术以及直播、偶像运营等成熟的商业模式，"虚拟肉身 + 真实心灵"的组合或许能带来更好的体验与更可观的市场前景。虚拟女团 A-SOUL 大获成功的原因，就是精美的形象建模、影视棚级别的全身动作捕捉、中之人富有温度的可互动性三者之间产生的化学反应。A-SOUL 的五个成员具有动漫风格的外形以及各自独特的性格设定。在直播间里，这些以往只能在剧集中观看的动漫人物摇身一变，成了可以与粉丝密切互动的主播，这种模式营造的虚拟与真实交织的错觉，使观众产生了丰富的情感投入。A-SOUL 粉丝的高情感投入、高黏性与高付费意愿，使其成为虚拟偶像界的现象级存在，甚至一度占到乐华公司娱乐收入的八成。哔哩哔哩上一段 A-SOUL 成员"嘉然"在直播中读《一封打工人粉丝的来信》时失控落泪的视频得到 300 多万次观看，是依靠人工智能难以做出的真实互动"圈粉"无数的典型例子。

但这样的模式也有其问题。许多观众很关注虚拟形象，会进而对中之人的真实信息产生好奇并持续挖掘。A-SOUL 中不止一名成员遇到了中之人信息疑似被暴露的"开盒危机"。这一现象背后体现的是在虚拟形象技术应用的初期，人们还是将技术与形象分而观之，认为皮是虚假的，底下的那个人才是真实的。虚拟数字人粉丝常说的"为皮而来，为魂而留"也是这个逻辑。这种数字身体与背后真实灵魂的"灵肉冲突"，在未来的虚拟偶像行业中将长期存在。

在虚拟偶像产业中，生产资料主要有偶像公司重金打造的虚拟形象（包括模型、嗓音、动作捕捉、渲染），以及中之人所提供的情感劳动两部分。对于广大粉丝量较小的虚拟偶像来说，中之人属于纯粹的无产劳动者，只能出卖自己的劳动力（情感），因为此时粉丝的忠诚度尚未养成，其提供的情感劳动随时可由其他人提供，而其他的生产要素都被资方所掌握。处于这一阶段的中之人很容易成为资本剥削的对象。当偶像发展到一定程度，即粉丝群体扩大且对偶像的"魂"（中之人）产生一定的情感投入并提高忠诚度后，中之人的情感劳动所占的价值比例就逐步升高，与资本议价的能力也相应提高。在 2022 年 5 月 A-SOUL 成员"珈乐"被官宣休眠的事件中，粉丝发动强大的舆论攻势质疑公司对中之人的不公待遇，使得资方陷入窘境，就是这一逻辑的鲜明体现。这种赛博世界中的新型劳资关系，即虚拟偶像灵肉分离、灵肉分属的特征为传统劳工分析框架提出了新的挑战。

对于资方，上述矛盾无疑将激励资方不断完善打造虚拟数字人的自动化程度，如姿势、表情、语音的自动合成，甚至自动化的互动，从而摆脱劳方带来的牵制与不可控因素。基于虚拟偶像具有的诸多优势，可以预见未来娱乐市场中的资本运作模式将越来越倾向于开发基于虚拟数字人的 IP 价值，从签约真实的明星转变为签约虚拟的 IP 形象。后者无疑远比真人更安全、更服从，更易于成为资本塑造、操控的对象。这一趋势从 2022 年万代南梦宫提出的"IP 轴战略"中就可窥见端倪。这个以 IP 为轴的战略总投资达 400 亿日元，其中 150 亿日元将针对旗下的每个 IP 推出专属的元宇宙，从而在 IP 专属虚拟空间中更好地建立粉丝与偶像的连接，并推动实体产品（如手办、周边）、线下场所与数字元素充分融合。而剩余的 250 亿日元则将用于新 IP 的孵化与在全球市场的推广。

对于消费者一方，可以预见到"灵肉分离"的矛盾将逐渐淡化。随着元宇宙应用的普及，越来越多的人在越来越多的时间里以虚拟数字人的形象开展工作、社交，未来很可能在部分人群中出现一种对虚拟形象的强认同与强认知。所谓强认同，指虚拟形象的使用者将虚拟形象认同为自我的不可或缺的一部分；所谓强认知，指人们将一个人的虚拟形象认知为可以体现其人格的形象。在深度虚实融合的元宇宙中，人们的虚拟形象也不再是虚假的、不重要的，而将成为与真实形象受到平等对待的存在。这时，虚拟的形象与真实的心灵将重新合一，人们将花越来越多的时间打造自己的虚拟数字人的视觉形象与人物设定。虚拟数字人的形象与设定甚至会反过来塑造真人——今天流行的 Cosplay 就是虚拟形象反塑真实形象的开端。

7.6 虚拟暴力的切肤之痛

1974 年，玛丽娜·阿布拉莫维奇举行了一场行为艺术展览"节奏 0"。她在保留意识的前提下麻醉了自己的身体，允许参观者对其做任何事，而不需要承担任何法律责任。展览现场有一个告示，准许观众随意挑选桌上的任意一个物体，与艺术家玛丽娜·阿布拉莫维奇进行接触，如图 7-4 所示。起初，人们只是对她做一些无伤大雅的恶作剧，而后逐渐演变为恶意的攻击与羞辱，直至最后她的生命受到威胁，活动才被强行中止。这一结果震撼地呈现了当人无须为自己的行为负责时，人性深层的攻击欲将如何骇人地浮出水面。而在互联网出现后，网络暴力可以说日复一日地重演着这一实验。我们打开一些带评论区的网页，可能就会看到留言者相互攻击，这种语言暴力已经成为了网络空间中一种弥散式的存在。所幸，网上的攻击性言论大多以文字媒介发布，即使是视频内容也是一个个孤立的视频，而不构成即时互动性与具身体验性。但当人们以虚拟数字人为界面进行互动后，具象化的就不只是友善的沟通内容了，也包括各种骚扰、攻击性行为。原本一句不友善的语言在虚拟数字人身上可能会呈现为极具真实感的语音、表情与动作，负面情绪的传递将更具冲击力与感染力，甚至发展为"元宇宙暴力"。虽然具备丰富语境与具身互动的交往形式在总体上会促进相互理解的达成、强化人的道德意识，但当侵犯行为真正发生时，其造成的伤痛相比文字、视频要真实得多，可谓虚拟的"切肤之痛"。

图 7-4 玛丽娜·阿布拉莫维奇艺术展摆放的 72 种物品

这一趋势其实早已初显端倪。早在文字互联网时代的 MUD（Multi-User Dungeon，多人地牢）游戏中，就有用户描述过被侵犯的经历。进入 VR 时代，这类事件的发生必将愈发频繁。2016 年，美国一位女性在玩 VR 多人游戏 *QuiVr* 时，遭遇一名用户用虚拟的手"触摸"她的身体。当该女性玩家尝试逃离时，对方还一直尾随，并做出各种猥亵动作。在 Meta 的虚拟社交软件 Horizon World 中也发生过类似的事件。为防止此类事件再次发生，各厂商都出台了相应补救措施，如 Horizon World 推出了"个人结界"（Personal Boundary）功能，允许用户在自己的虚拟形象周围划出界限，以阻止其他人靠近。总之，在虚拟数字人世界还属于高度自由的法外之地时，人性中的善与恶都没有约束地尽数呈现出来。随着互联网愈发真实，现实世界中的种种问题也自然地迁移到网络世界中。

随着具身交互技术的深化，这些侵犯性行为的后果可能更为严重。HaptX、Teslasuit 等公司都已推出触觉手套，通过触觉反馈使用户感受到虚拟世界中的触感。Teslasuit 公司还推出了全身式触感衣，实现了触觉反馈、运动捕捉、温度控制、生物特征识别等功能，通过电刺激和振动反馈来模拟现实的触觉感知，包括抚摸、拥抱、痛觉和压力等，还能模拟下雨、炎热、水流、风吹等不同环境。这样，黑客入侵和计算机病毒造成的后果，可能不再止于经济损失和信息泄露，而是控制触觉设备直接造成人身伤害。

可见，虚拟数字人的具身化程度每深入一步，都是玫瑰与刺并存。当我们把越来越多的身体浸入虚拟世界时，也把身体暴露在来自人或技术的危险中。而在这些新兴领域中，现行法律框架还缺乏跟进。虚拟世界全新的、还在不断变化的运作逻辑对法学提出了一道道难题。例如，如果虚拟化身被"强奸"可以被惩罚，那在多如牛毛的射击游戏中"杀死"其他用户的化身是否构成故意杀人罪？这二者的界限应如何划分？截至本书完稿时，各国还没有较完善的虚拟数字人法律，但针对深度合成等技术的法规已陆续出台不少。

在"节奏0"中，参与者的失控行为在很大程度上是由于他们处在美术馆的艺术活动而非真实生活中，这种去真实化极大地削弱了人在现实世界中原有的负罪感。网络暴力蔓延的根源同样在于它并非真实,而像是一次巨大的、永不终止的"节奏0"。即使发生了不友善行为，许多人也会自我开脱说"这只是虚拟世界"。但当虚拟数字人的具身式、场景式交互逐渐得到广泛应用，元宇宙将虚拟世界与现实世界紧密地编织在一起时，人们就不会再认为虚拟世界是虚假的、无足轻重的。在这一过程中，虚拟数字人相关的立法管制也应该体现一种虚拟与现实之间的对称性，将虚拟行为与现实行为同等严肃地对待。

后记

　　虚拟数字人是下一代互联网发展中人类进行虚拟时空感知的主要载体，是实现人机融生交互的组成部分，也是新的经济增值板块。元宇宙中充满了人类边界的延伸和身体的流动性，虚拟数字人延伸了自然人的时空，带来主体间关系的融通与转变。为了促进数字经济发展，培育数据要素市场，需要提升虚拟数字人的应用能力，深化人工智能、虚拟现实等技术的融合，促进相关产业链发展。

　　中国虚拟数字人的发展如火如荼，但仍存在一些技术困境与隐私伦理风险。

　　首先，虚拟数字人的制作成本高，需求缺口大。虚拟数字人产业还处于发展初期，现阶段虚拟数字人开发成本高、终端成本高、体验成本高，产业持续发展缺乏雄厚的资金支持。自 2021 年起，虚拟偶像、虚拟主播走红，虚拟数字人市场呈井喷式发展，涌现出大量虚拟数字人，但是有些虚拟数字人偏离市场预期，而且短时期内大量虚拟数字人涌现后，利用率不足。在核心企业中，虚拟数字人产品大多应用于 B 端场景，例如帮助互联网商家实现全天候轮播的虚拟主播、办事大厅内支持用户自助办理业务的虚拟前台、自动处理用户诉求的虚拟客服等。即便资金门槛降低，虚拟数字人的制作成本仍然过万元，B 端市场成了虚拟数字人主要面向的市场，C 端市场仍有较大的挖掘潜力。

其次，虚拟数字人平台之间缺乏沟通，解决共性问题难。虚拟数字人发展面临诸多技术性问题，如虚拟数字人应用对话多采用封闭域，AI 交互场景单一，多轮对话难免陷入"尬聊"，不能理解用户语义，导致用户沉浸体验感受限。现阶段虚拟数字人产业技术交流平台较少，且产业链各个节点暂时缺乏有效协同，虚拟数字人在不同应用场景间存在"鸿沟"，无法进行较为流畅的场景转换。虚拟数字人技术尚未成熟，需要融汇各方力量，完善虚拟数字人的强化学习、深度学习、渐进式学习等过程，让其通过训练满足人类更多需求。

再次，虚拟数字人变现不稳定，企业试错成本大，虚拟数字人商业化能力受限。元宇宙概念的爆火带来虚拟数字人新一轮发展，但虚拟数字人变现方式仅限于粉丝打赏、平台签约、广告代言、直播带货这四个方面，变现能力相对薄弱。2022 年涌现了大量虚拟数字人，导致同类型的虚拟数字人过多，用户审美疲劳加剧，加之变现方式有限，使得虚拟数字人市场流量争夺愈加激烈。

虚拟数字人盈利不均衡。无论采用二次元虚拟数字人、偏写实虚拟数字人还是超写实虚拟数字人形式，都不能保证变现一劳永逸，人气、利润逐渐向头部虚拟数字人聚集。除少数超写实虚拟数字人，如柳夜熙、千喵等热度不减，持续吸金外，有些超写实虚拟数字人凭借短视频、精修图引流出圈后，变现能力反而弱于一些二次元虚拟数字人。二次元虚拟数字人通过直播、发布单曲等方式获得交互能力，粉丝黏性比超写实虚拟数字人高，变现能力相对更强，如二次元虚拟主播 Shoto 直播 2 小时收入超百万元。

最后，运营有风险，用户隐私安全保障较难。虚拟数字人知识产权界定与用户隐私安全存在风险问题。虚拟数字人版权收入包括创作音乐、出演影视作品、制作周边衍生品等，随着变现类型逐渐多元化，关于虚拟数字人的知识产权争议也逐渐增多，而我国尚未出台关于虚拟数字人版权的专门法律，版权争议仍需按照一般知识产权法律条文来解决。在技术形态上，虚拟数字人越来越像人，可能使用户面临数字信息、个人隐私被盗取的风险，如 Meta 的 Codec Avatar 计划，为验证用户本人身份，会捕获极细微的面部数据。用户可以自由设定自己的虚拟数字人形象，其同样具备肖像权、名誉权、隐私权等人格属性，并与其他虚拟数字人交互，产生新的法律关系。随着应用场景越来越多，虚拟数字人数量不断增多，人格权侵犯的法律风险也在增大。

因此，推动虚拟数字人产业链健康发展，促进虚拟数字人产业成熟，需要多主体共同着力发挥虚拟数字人的社会效应。

（一）加强前瞻布局，设立专项中小微企业发展基金

虚拟数字人产业仍处于发展初期，产业发展周期长，不确定性高，风险高，建议打通部门间、行业间和区域间的数据孤岛，汇总虚拟数字人产业发展方向相关数据，做出科学性产业发展预判，为虚拟数字人发展理念、方向、道路提供坚实的理论支撑。建议出台相关鼓励虚拟数字人产业发展政策，营造宽松行业发展环境，降低企业试错成本，让更多具有核心科技能力的公司成为虚拟数字人行业的中流砥柱。

设立专项中小微企业发展基金，施行政府出资、收益适当让利等措施，吸引更多社会资本，激发中小微企业"双创"活力，缓解虚拟数字人中小微企业融资难、融资贵的问题，保证产业资金流稳定，提高虚拟数字人行业整体就业率，增强虚拟数字人发展新动能，促进虚拟数字人产业成为去中心化、破垄断的"助推器"。中小微企业是虚拟数字人产业的毛细血管，在保障资源整合，打通上下产业链、供应链等方面发挥着不可替代的作用，因此应该呵护相关中小微企业，夯实共同富裕的基础。

（二）构建关键共性技术研究平台，解决虚拟数字人三大系统问题

建议整合高校、科研机构、企业优势资源，设立专门针对虚拟数字人行业的共性技术研究平台，推进产学研深度融合，形成虚拟数字人领域重点实验室或高精尖中心，建立健全研究虚拟数字人的标准体系，凝聚社会力量支持虚拟数字人领域中小企业和团队创新创业，合力解决打造虚拟数字人形貌表情系统、行为骨骼系统成本高、技术难等基础问题。由政府牵头，与虚拟数字人发展较发达的企业、国家建立技术联盟、伙伴关系，共同突破产业、技术共性瓶颈，降低后续应用技术研发的风险，为后续虚拟数字人技术的创新发挥重要导向作用。

打造国际化创新梯队。鼓励具有竞争优势的虚拟数字人企业走出形貌表情系统"舒适区"，探索行为骨骼系统和灵魂认知系统出海模式，鼓励企业优化虚拟数字人行为骨骼系统，优化骨骼与皮肤绑定算法，搭建虚拟数字人知识网，完善虚拟数字人认知系统，增强虚拟数字人交互感，提升我国的国际竞争软实力。

在设立关键共性技术研究平台的基础上，强化合作意识，不但要加强国内高校与高校、企业与企业、高校与企业的合作，还要积极牵头整合知识、技术、人才、资金等全球要素，丰富合作内涵、深化合作形式、扩宽合作布局、提升合作水平，掌握合作主动权，不断促进虚拟数字人产业在世界范围内共创、共赢、共享。

（三）重视自主培养人才，吸引人才在助老服务领域创新

精准引进虚拟数字人产业人才、加强虚拟数字人产业人才自主培养，鼓励有虚拟数字人教学基础的高校设立相关专业，并与企业联合培养，创新教育教学方法，着力培养能够适应虚拟数字人产业发展需求的专业技能人才，探索多种培养方式，夯实产业人才支撑。

吸引人才在助老服务领域创新，提供税收减免优惠政策，加强对助老服务业的规划和用地保障。开辟高校、社区、医疗机构之间的绿色通道，保证应用型人才培养，提高对助老服务实践问题的关注，将虚拟数字人应用于智慧助老服务体系，提升老年群体生活幸福度。优化虚拟数字人产业创新空间，设立虚拟数字人专项创新基金，举办虚拟数字人创新比赛，尤其是针对助老服务的创新比赛，打造虚拟数字人产业人才创新平台。

（四）探索多层次风险防控机制，提高虚拟数字人知识产权保护

虚拟数字人企业做好数据安全和个人信息保护，加强信息内容安全管理，落实信息内容服务主体责任。防范和打击利用虚拟数字人开展的金融欺诈、非法集资等各类违法违规行为。加强对虚拟数字人的金融、科技、社会伦理风险研究，探索形成法律、市场、代码架构和社会规范相结合的多元规制路径。

加强对数字经济的保护，平衡技术发展与数据保护，形成完善高效的保护虚拟数字人知识产权的法治体系。针对虚拟数字人营销中被侵权的风险，根据《中华人民共和国广告法》《中华人民共和国劳动法》等法律，划分管辖区域，形成多部门联合监制；划分虚拟数字人管理边界，多维度、多角度治理。在司法实践中，完善作为兜底的法定定额赔偿标准，避免出现知识产权所有人受损金额存在争议时，无法确定侵权人非法获利金额等。

（五）在供给侧改革虚拟数字人产业链，多元化变现渠道

夯实底层技术，优化虚拟数字人产业生态。相比只存在于图片中的平面虚拟 IP，以视频化方式呈现的、可动作、有故事的虚拟数字人更具有吸引力，如柳夜熙一夜涨粉百万人，AYAYI 在小红书发布笔记后一夜涨粉近 4 万人，具有知名度的虚拟数字人发挥了良好的示范作用。除了一般的流量变现，虚拟数字人产业发展与市场应用应紧密结合，搭建 XR 场景，夯实虚拟数字人底层技术，针对市场需求、消费者偏好制作虚拟数字人，在提高虚拟数字人

的数量的同时提升质量，避免数量激增后利用率不高导致的资源浪费。依托品牌文化、中国古典文化，开发多元化应用场景，从供给侧改革产业链，提高热门 IP 衍生出虚拟数字人的转化率，利用原 IP 影响力打造虚拟数字人粉丝经济，并树立正确价值导向，带动企业发展和产业培育，形成市场机制有效、宏观微观相结合的经济体制，不断增强虚拟数字人的经济创新力。

及时调整运营逻辑与商业变现手段，拓宽营销思路，除数字藏品、直播带货、制作短视频、新媒体运营外，积极尝试虚拟数字人参与的影视制作、综艺录制，研发虚拟数字人手办、盲盒等周边，发挥群体效应，进行"单一场景应用＋多 IP 联动"或"单一 IP＋复合技术联动"的营销方式，培育虚拟数字人多元应用领域，推动商业变现，提高产业链安全度和竞争力。

提升产业应用质量需要各环节统筹协作，持续推进虚拟数字人产业生态的有机完善，把握虚拟现实、人工智能等技术转型的发展先机。

从个体角度来看，应当丰富自身媒介视野，培养良好的媒介审美，增强媒介使用素养，鼓励优质虚拟数字人内容、虚拟现实技术的生长和繁荣，刺激虚拟数字人媒介市场长远向好发展。

从企业角度来看，应当利用好市场资源优势，激活自身技术潜力，健全小微企业内部管理系统，规范落实政策指导下的各项任务，助力虚拟数字人产业形成稳定、可持续的增长活力。

从媒体角度来看，应当加大协同创新力度，完善自身深度技术融合，加强优秀虚拟数字人作品的发掘、引进和培育，打通上下游沟通渠道，实现良性互动，为虚拟数字人的应用、传播营造风清气正、欣欣向荣的媒介环境。

从政府角度来看，应当大力推动政策扶持，规范虚拟数字人市场开发环境，引导相关企业集约化发展，坚持科学性和协调性原则，不断探索综合治理的长效机制，为我国在元宇宙赛道的崛起筑牢发展阵地。